哲学家寄语青少年

人的世界

孙正聿　著

吉林人民出版社

图书在版编目(CIP)数据

人的世界 / 孙正聿著. -- 长春：吉林人民出版社，
2012.4

（哲学家寄语青少年）

ISBN 978-7-206-08536-9

Ⅰ.①人… Ⅱ.①孙… Ⅲ.①人生哲学 – 青年读物②
人生哲学 – 少年读物 Ⅳ.①B821-49

中国版本图书馆 CIP 数据核字(2012)第 048266 号

人的世界

REN DE SHIJIE

编　　著：孙正聿

责任编辑：张　娜　　　　　　　封面设计：七　洱

吉林人民出版社出版 发行（长春市人民大街7548号　邮政编码：130022）

印　　刷：鸿鹄（唐山）印务有限公司

开　　本：670mm×950mm　　　1/16

印　　张：10　　　　　　　字　　数：70千字

标准书号：ISBN 978-7-206-08536-9

版　　次：2012年7月第1版　　　印　　次：2023年6月第3次印刷

定　　价：35.00元

目　　　录

人的超越性与人的世界

人是世界上最奇异的存在——超越性的存在。

世界就是自然。它自然而然地存在，存在得自然而然。然而，从自然中生成的人类，却要认识自然、改造自然，把自然而然的世界变成"人化了的自然"即"属人的世界"。为了让世界满足自己的需要，人类从这个自然而然的世界中去探索"真"（为何如此）、去寻求"善"（应当怎样）、去实现"美"（自在与自为的统一），把这个自然而然的世界变成对人来说是"真善美"的世界。"同天人""合内外""穷理尽性""万物皆备于我"，这不正是人类对自然而然的世界的"超越"吗？

人生亦为自然。"人之生，气之聚也，聚则为生，散则为死"，生生死死，自然而然。然而，本为自然的人类，却要认识人生、改造人生，把人的自然的生存变成创造"属人的世界"的生活。人类在对"人生"的认识与改造中，去寻求"意义"（为何生存）、去追求价值（怎样生活）、去争取自由（实现人生的意义和价值），把人类社会变成人类所憧憬的理想的现实。人生的困惑与奋争，理想的冲突与搏斗，社会的动荡与变革，历史的迂回与前进，绘制出人类自己创造自己、自己发展自己的色彩斑斓的画卷，这不正是人类对自然而然的人的生命活动的"超越"吗？

人类超越了自然而然的"世界"，超越了自然而然的"生命"，于是人类成为"万物之灵"——超越性的存在。

人类作为"万物之灵"，是有"意识"的存在。人不仅具有把"世界"当作自己的"对象"的"对象意识"，而且还有关于自己的感觉和知觉、欲望和目的、情感和意志、思想和理想的"自我意识"。在这种"自我意识"中，人类能够"觉其所觉""知其所知""想其所想""行其所行"，因而人类又能够"超越"自己的狭隘的、有限的存在，在自己的"意识世界"中为自己创造无限广阔、无限丰富、无限发展的"世界"，给自己构成理想性的、真善美相统一的"世界"，这就是人的"超越意识"。

人的意识是"超越"的，因此，人无法忍受——

人无法忍受"单一的颜色"。

人类生活的世界，赤橙黄绿青蓝紫，是一个色彩缤纷的世界。如果只有一种单一的颜色，哪怕是最艳丽的鲜红、最纯洁的雪白、最诱人的碧绿，都是人的眼睛无法接受的，更是人的心灵无法忍受的。人的心灵同人的眼睛一样，需要五颜六色。马克思说，在太阳的辉耀下，每一颗露水珠都会闪烁出五颜六色的光芒，为什么人的精神却只能有一种颜色即"灰色"？

人类的意识有"联想"和"想象"，有"思想"和"理想"，有"灵感"和"直觉"；人类意识以自己的"联想""想象""思想""理想""灵感"和"直觉"，创造了人的"文化的世界"——"神话的世界""宗教的世界""常识的世界""艺术的世界""伦理的世界""科学的世界"和"哲学的世界"。人的世界，是人类意识创造的五彩缤纷的世界；人的意识，是把世界创造得五彩缤纷的"超越性"的意识。人的意识创造了色彩斑斓的"精神的世界"和"文化的世界"，人的意识又如何能够忍受"单一的颜色"?

人不能没有"联想"。"人类失去联想，世界将会怎样？"人不能没有"思想"。失去思想的躯壳，岂不成了天地间最为软弱的苇草？人不能没有"理想"。不把现实变成理想的现实，哪里来的人的"历史"与"发展"？人的"联想""思想"和"理想"，把人的世界变成色彩缤纷的世界，人的意识又如何能够忍受"单一的颜色"？

人无法忍受"单一的颜色"，因而人无法忍受"凝固的时空"。

人的色彩缤纷的世界，是在人的创造性活动中生成的世界，又是在人的创造性活动中千变万化的世界。千变万化才有五彩缤纷，"太阳每天都是新的"，是因为人的心灵的创造每天都是新的。马克思提出，时间是人类存在的空间。人类以自己的创造性的活动过程（时间）来创造"属人的世界"（空间），人的世界（空间）才成为色彩缤纷的世界；离开人类创造性的活动过程（时间），世界（空间）就只能是一个"每天都是旧的"即"单一颜色"的世界。"半亩方塘一鉴开，天光云影共徘徊；问渠哪得清如许？为有源头活水来。"因此，人无法忍受"凝固的时空"。

人无法忍受"凝固的时空"，因而人无法忍受"存在的空虚"。

人的存在是追求生命价值和生活意义的存在，人类的历史是追求自己的目的的人的活动过程，因而对人来说，"无价值"的生命和"无意义"的生活，是人的"存在的空虚"。时间成为人的存在的空间，现实的人总是不满足于人的现实，总是要使现实变成对人来说是更有"价值"、更有"意义"的理想的现实。试想一下，人类世世代代的科学探索、技术发明、政治变革、艺术创新、工艺改造、观念更新……不正是现实的人对人的现实的超越吗？不正是人把"时间"作为"空间"而实现的人的自我超越吗？人的生活是创造的过程，也就是"异想天开""离经叛道""无中生有""改天换地"的过程。人在现实中生活，人又在理想中生活；现实规范着理想，理想引导着现实；现实使理想获得"存在的根基"，理想则使现实超越"存在的空虚"。对于人类来说，只有追求生命的价值与生活的意义才是人的存在。因此，人无法忍受"存在的空虚",人要"超越"现实的存在而创造理想性的存在。

人无法忍受"存在的空虚",因而人无法忍受"自我的失落"。

人类通过劳动而自我创造、自我生成为认识世界和改造世界的"主体",并从而把"整个世界"（包括人自身）都变成认识和改造的对象即"客体"。这就是人与世界之间的"主客体关系"。马克思说，"凡是有某种关系存在的地方，这种关系都是为我而存在的；动物不对什么东西发生'关系'，而且根本没有'关系'；对于动物说来，它对他物的关系不是作为关系而存在的"。人作为"我"而存在，既形成了"我"与"世界"之间的"主客体关系"，又形成了"我"与"他人"之间的"主体间的关系"。在人类自己创造的"人类社会"中，人作为"类"而构成认识与改造世界的"大我"，人作为个体则成为独立存在的"小我"。因此，每个人便同时具有了两种关于"我"的自我意识：其一，人类是"我"，个体只是人类"我"的类分子，个体只能作为类而存在；其二，个体是"我"，其他的存在（包括他人）都是"非我"，"我"只是作为个人而存在。这种人类"大我"与个体"小我"的矛盾，既要求"小我"不断地"超越自我"而融汇于"大我"之中，又要求"大我"以整体的进步而实现每个"小我"的发展。人无法忍受双重的"自我的失落"：既无法忍受"小我"的失落，更无法忍受"大我"的失落。

人无法忍受双重的"自我的失落"，因而人无法忍受"彻底的空白"。

每个"小我"的个体生命的存在都是短暂的、有限的，死亡，是人这种生命个体自觉到的归宿。死亡，它消解了欢乐，也消解了苦难，消解了肉体，也消解了灵魂。死亡是彻底的空白。这种连灵魂都不复存在的空白是人所无法忍受的。面对死亡这个最严峻的、不可逃避的、却又是人所自觉到的归宿，人总是力图超越个体生命的短暂与有限，而获得某种方式的"永生"：人应当怎样生活才能使短暂的生命获得最大的意义和最高的价值？生命的永恒是在于声名的万古流芳或灵魂在天国的安宁，还是在于以某种形式把个体的"小我"融汇于人类的"大我"之中？

哲人培根说，人的"复仇之心胜过死亡，爱恋之心
蔑视死亡，荣誉之心希冀死亡，忧伤之心奔赴死亡，恐
怖之心凝神于死亡"。这就是人的心灵对死亡的超越。而
在人类的历史上，饮鸩的苏格拉底，自沉汨罗的屈原，
浴盆中的马拉，断头台上的谭嗣同，绞刑架下的伏契克，
安乐椅上的马克思，这些伟人之死则为人的生命定格了
最为辉煌的一幕。人的生命面对着死亡，人又以自己的
生命的追求超越死亡，生与死的撞击燃烧起熊熊的生命
之火，这不正是人的生命的自我"超越"吗？

人无法忍受"单一的颜色"和"凝固的时空"，人无
法忍受"存在的空虚"和"自我的失落"，人更无法忍
受连灵魂都不复存在的"彻底的空白"，因而人以自己的
超越性的生命活动去实现人生的自我超越。西方人文学
者马斯洛曾提出人的"层次需要"理论：从最低层次的
"生存的需要"到"安全的需要""归属的需要""尊重
的需要""审美的需要"直至最高层次的"自我实现的
需要"，既构成了人的多层次的需要，又实现了层次需要
的自我超越。中国哲学家冯友兰则提出人生的四种境界：
人作为超越自然的存在而自觉地使自然界满足自己生存

的需要，这是最低层次的自然境界；意识到人的主体地位而追求个人目的的实现，这是较低层次的功利境界；自觉到人作为类而存在，并努力使"小我"融汇于"大我"之中，这是较高层次的道德境界；超越道德境界而自觉地达到人与自然的统一，才是最高层次的天地境界。人类超越了自然，又在自身的发展中力图使自己在高级的层次上返归于自然，在弘扬主体与反省主体的高度和谐中实现个人与社会、社会与自然的统一，这就是现代人类所自觉到的"人类意识""全球意识"，也就是现代人类的"超越意识"。人类心灵的创造是永无止境的，人类心灵创造的世界是日新月异的。人类的"超越意识"引导人类迈进新世纪的自我超越。

人的文化世界

作为一个整体的人类文化，可以被称之为不断自我解放的历程。

卡西尔

人类意识的超越性，是通过人类把握世界的各种基本方式——神话、宗教、艺术、伦理、科学和哲学——而获得现实性的。人类的超越意识所获得的现实性，就是人类以自己把握世界的基本方式所创造的"文化世界"——神话的世界、宗教的世界、艺术的世界、伦理的世界、科学的世界和哲学的世界。

一、神话：自然世界的超越

人类来源于自然界。"自然界起初是作为一种完全异己的、有无限威力的和不可制服的力量与人们对立的，人们同自然界的关系完全像动物同自然界的关系一样，人们就像牲畜一样慑服于自然界，因而，这是对自然界的一种纯粹动物式的意识（自然宗教）。"① 人的这种"纯粹畜群的意识"，如果有不同于"纯粹动物"的地方，则在于"他的意识代替了他的本能，或者说他的本能是被意识到了的本能。"②

人的代替"本能"的"意识"，"它不用想象某种现实的东西就能现实地想象某种东西。"③ 这就是人类意识的超越性：它超越了"意识对象"的限制，而把意识所想象的对象当作真实的"意识对象"。人类意识的这种超越性，最初就表现为人的意识所创造的"神话"对自然世界的超越。

神话思维的整体性与超越性

意识的整体性，这是神话思维的突出特征。由于神话思维中的知与情的彼此不分，因而也导致了神话思维中的人与物的互通互渗。由此便构成了神话中的人与物之间的相互渗透的神秘的感应关系，并形成了神话中的生

① 《马克思恩格斯选集》第 1 卷，人民出版社 1995 年版，第 81—82 页。
② 同上，第 82 页。
③ 同上，第 82 页。

命的统一性与连续性的信念。

本来，世界就是自然而然的存在，世界中的一切事物也都是自然而然的存在；人作为这个自然世界中的存在，当然也是自然的存在。然而，由于人的"意识"代替了"本能"，因而能够在自己的意识活动中以知情未分的神话思维去把握人与世界的关系，并为自己构成了一幅人与世界互通互渗的万物有灵的世界图景。

神话的方式是一种"幻化"的方式，即把人和世界双重幻化的方式。在神话的幻化方式中，它既以宇宙事件来看待人的行为，又以人的情感和意愿来看待宇宙事件，从而构成了一幅神话意义的世界。比如，风调雨顺或旱涝成灾，风和日丽或电闪雷鸣，在神话的意义世界中，或是神灵的恩赐，或是神灵的惩罚，宇宙事件被拟人化为情感或意愿的表达。

当代美国学者瓦托夫斯基曾把神话思维概括为一种解释模式，即"拟人化和万物有灵论"的解释模式。他提出："一种最早的解释形式是按照人类和个人的行动和目的说明自然界的各种现象，或把各种自然力描绘成活的、有意识的和有目的的力量。在对人类行动和感情的具体形象描述中，诗歌和戏剧的想象力重新塑造出我们经验中的畏惧、惊奇和异常情况；而神话则唤起我们与自然界的亲密感，即一种使我们对自然界和我们自身二者之中的未知事物产生亲切自如的感情的方法。这种神话诗对经验的重新塑造当然足以说明人类想象力的创造力、人类精神的自由审美的发明能力；不过它也起着解释的作用，即作为理解和说明那些要不然就是模糊的、威胁人的和不可控制的现象的方法。"①

对于这个解释模式，瓦托夫斯基还举出这样一个有趣的例子。他说，"我们想象某个古代人在大自然的灾难或大祸面前的恐怖，比如说铁器时代的人面临着雷暴雨，夹杂着空中野蛮能量激起的电闪雷鸣。我们进一步想象，在这种情况下闪电击中一棵大树，这棵大树就倒在近旁燃烧起来了。动物性的反应是恐惧的、无理智的、本能的，这种反应促使它们逃命，或者由于受到如此恐惧的打击以至发生瘫痪或歇斯底里发作。"② 然而，在人的神话思维中，却把这样有害的或破坏性的或恐吓性的现象

① 瓦托夫斯基：《科学思想的概念基础》，求实出版社1982年版，第61页。
② 同上。

的出现解释为某种伤害、破坏、恐吓的缘故。

在这种神话思维中，自然事件被拟人化了，自然事件被解释为人的事件的形式。通过类比人类的动机、反应、目的、愿望和恐惧，自然事件就被设想为具有某种情感或意志的事件。这表明，在神话思维中，人的意识的概念化因素和想象力因素，均采取了"故事"（神话）的形式。而这种用"神话"的、"臆想"的原因来解释各种事件的人类意识，正是孕育了以因果关系来说明一切的解释模式——逻辑化的理论思维的解释模式。

神话思维中的生命的统一性与连续性

在神话的世界图景中，生命的统一性与连续性，是它的鲜明的底色和基调。德国文化哲学家卡西尔提出，"整个神话可以被解释为就是对死亡现象的坚定而顽强的否定。"[①]

"神话"的最基本的特征，既不在于"思维"的某种特殊倾向，也不在于"想象"的某种特殊倾向，而是在于"情感"的某种特殊倾向，即神话的情感背景使得它的所有作品都染上了"情感"的色彩。在神话的情感意

---

① 恩斯特·卡西尔：《人论》，上海译文出版社1985年版，第107页。

识中，"有一种基本的不可磨灭的生命一体化沟通了多种多样形形色色的个别生命形式"，"所有生命形式都有亲族关系似乎是神话思维的一个普遍预设。图腾崇拜的信念是原始文化最典型的特征。"①

在时间和空间，或"同时态"和"历时态"的意义上，我们都可以发现神话意识中的生命的一体性和不间断的统一性的原则。卡西尔说，"这个原则不仅适用于同时性秩序，而且也适用于连续性秩序。一代代的人形成了一个独一无二的不间断的链条。上一阶段的生命被新生生命所保存。祖先的灵魂返老还童似的又显现在新生婴儿身上。现在、过去、将来彼此混成一团而没有任何明确的分界线；在各代人之间的界线变得不确定了。"他还说，"对生命的不可毁灭的统一性的感情是如此强烈如此不可动摇，以致到了否定和蔑视死亡这个事实的地步。在原始思维中，死亡绝没有被看成是服从一般法则的一种自然现象。它的发生并不是必然的而是偶然的，是取决于个别的和偶然的原因，是巫术、魔法或其他人的不

---

① 恩斯特·卡西尔：《人论》，上海译文出版社1985年版，第105页。

利影响所导致的。"①

　　卡西尔认为，神话对于不朽的信仰，与原来的哲学对于不朽的信仰，是显著不同的。他说，"如果我们读一下柏拉图的《斐多篇》我们就会感到，哲学思想的全部努力都是要对人的灵魂的不朽性作出清晰而不可辩驳的证明。在神话思想中情况是完全不同的，在这里论证的重点总是落在相反的一方：如果有什么东西需要证明的话，那么并不是不朽的事实，而是死亡的事实。"② 神话"断然否认死亡的真实可能性"。正因如此，卡西尔甚至把神话归结为"对死亡现象的坚定而顽强的否定"。

　　在人的神话意识中，生命的无所归依的消失，既是无法接受的，也是无法忍受的。于是，在人的意识所创造的神话世界中，自然中的万物都具有生命活动的意义，生命活动也具有宇宙事件的意义，而某个生命的消逝也具有了生命的转移或再生的意义。或许正是由于这种神话式的"超越意识"超越了天与人、人与物的隔断，因而诗人的心灵在本质上总是神话的心灵。

---

① 恩斯特·卡西尔：《人论》，上海译文出版社1985年版，第107页。
② 同上。

二、宗教：世俗世界的超越

人类意识的超越性，在于"它不用想象某种真实的东西而能够真实地想象某种东西"。人类以宗教的方式所构建的"彼岸世界"，就是人类的超越意识的作品。

此岸世界与彼岸世界

人创造了宗教，创造了宗教的、想象的、与"此岸"的"世俗世界"相对待的"彼岸"的"神灵世界"。

"宗教"与"神"是密不可分的。西文的"宗教"（religion）一词，出自拉丁文 religare 或 religio，前者意为"联结"，指人与神的联结；后者意为"敬重"，指人对神的敬重。汉语的"宗"字，愿意是对祖先神的尊崇。"宗，尊祖庙也。从宀从示。""示，天垂象见吉凶示人也"。而汉语的"教"字，本为"上所施，下所敬"之意，"圣人以神道设教，而天下服矣"。由此可以看到"宗"和"教"与"神"的联系。①

---

① 参见何光沪：《多元化的上帝观》，贵州人民出版社 1999 年版，第 1—2 页。

原始宗教的产生是与原始人的意识特征密切相关的。马克思和恩格斯说，"意识起初只是对直接的可感知的环境的一种意识，是对处于开始意识到自身的个人之外的其他人和其他物的狭隘联系的一种意识。同时，它也是对自然界的一种意识，自然界起初是作为一种完全异己的、有无限威力的和不可制服的力量与人们对立的，人们同自然界的关系完全像动物同自然界的关系一样，人们就像牲畜一样慑服于自然界，因而，这是对自然界的一种纯粹动物式的意识（自然宗教）。"① 恩格斯还提出，"在远古时代，人们还完全不知道自己身体的构造，并且受梦中景象的影响，于是就产生一种观念：他们的思维和感觉不是他们身体的活动，而是一种独特的、寓于这个身体之中而在人死亡时就离开身体的灵魂的活动。从这个时候起，人们不得不思考这种灵魂对外部世界的关系。如果灵魂在人死时离开肉体而继续活着，那么就没有任何理由去设想它本身还会死亡；这样就产生了灵魂不死的观念，这种观念在那个发展阶段出现绝不是一种安慰，而是一种不可抗拒的命运，并且往往是一种真正

---

① 《马克思恩格斯选集》第 1 卷，人民出版社 1995 年版，第 81—82 页。

的不幸，例如在希腊人那里就是这样。关于个人不死的无聊臆想之所以普遍产生，不是因为宗教上的安慰的需要，而是人们在普遍愚昧的情况下不知道已经被认为存在的灵魂在肉体死后该怎么办。由于十分相似的原因，通过自然力的人格化，产生了最初的神。随着各种宗教的进一步发展，这些神越来越具有了超世界的形象，直到最后，通过智力发展中自然发生的抽象化过程——几乎可以说是蒸馏过程，在人们的头脑中，从或多或少有限的和互相限制的许多神中产生了一神教的唯一的神的观念。"①

原始思维的一个突出特征，在于意识的整体性，即由于知情未分的意识状态而导致的物我不分。这种知情未分和物我不分，表现为人以"幻化"的方式去把握世界，从而造成人与世界的双重幻化，即一方面是以宇宙事件去看待人的行为，另一方面又以人的行为去解释宇宙事件。这样，就构成了人与世界之间相互渗透的神秘感应关系。原始人的自然崇拜和万物有灵的宗教观念就产生于这种神秘的"互渗"，并形成了幻化的意义世界。在这

---

① 《马克思恩格斯选集》第 4 卷，人民出版社 1995 年版，第 223—224 页。

种幻化的意义世界中，自然界的种种现象，或是神灵的恩赐，或是神灵的惩罚，宇宙（自然）事件被拟人化为情感或意志的表达。而"通过自然力的人格化，产生了最初的神。随着宗教的向前发展，这些神越来越具有了超世界的形象，直到最后，……在人们的头脑中，从或多或少有限的和互相限制的许多神中产生了一神教的唯一的神的观念。"①

由此我们可以看到，作为一种文化现象的宗教，虽然它具有超自然的性质，但却是产生于人对自然界的依赖与掌握的双向适应关系。这正如恩格斯所说，"一切宗教都不过是支配着人们日常生活的外部力量在人们头脑中的幻想的反映，在这种反映中，人间的力量采取了超人间的力量的形式。"②

"神圣形象"与人的存在的"神圣意义"

人在宗教中创造了超人的"神圣形象"。宗教的本质特征，在于对神的信仰。当人们感到对自然界异己的力量不能掌握并因而无法依赖时，便会转向对超自然的宗

---

① 《马克思恩格斯选集》第 4 卷，人民出版社 1995 年版，第 224 页。
② 《马克思恩格斯选集》第 3 卷，人民出版社 1995 年版，第 666—667 页。

教世界的信仰和依赖。这正如马克思所说，"宗教是还没有获得自身或已经再度丧失自身的人的自我意识和自我感觉。"① 然而，在对宗教的理解中，我们还必须看到，就宗教的文化价值说，它是人类所创造的"意义世界"，表现了人对生命意义的寻求。

人无法忍受自己只是浩渺宇宙中的匆匆过客式的存在，更无法忍受自己只能是无声无息、一了百了地死去。生命的无所归依的毁灭，是无法接受的，也是无法忍受的。于是，在神话的意义世界中，生命活动具有了宇宙事件的意义，生命消逝具有了灵魂转移的再生的意义。宗教，它以"神"的形象使人的存在获得"神圣"的意义。宗教中的神圣形象，把各种各样的力量统一为至高无上的力量，把各种各样的智能统一为洞察一切的智能，把各种各样的情感统一为至大无外的情感，把各种各样的价值统一为至善至美的价值。这样，宗教中的神圣形象，就成为一切力量的源泉，一切智能的根据，一切情感的标准，一切价值的尺度，人从这种异在的神圣形象中获得存在的根本意义。

---

① 《马克思恩格斯选集》第1卷，人民出版社1995年版，第1页。

人创造了宗教，是为了从宗教中获得存在的神圣意义。然而，对人来说，宗教的神圣意义，却恰恰表明了人的悖论性存在：生活的意义来源于宗教的神圣意义，这意味着人把自己的本质力量异化给了宗教的神圣形象，是人还没有获得自己或再度丧失了自己的自我感觉和自我意识；消解掉宗教的神圣意义，这意味着生活本身不再具有神圣的意义，生活失落了规范和裁判自己的最高的根据、标准和尺度。如果存在宗教的神圣意义，人的生活就具有宗教赋予的神圣意义；如果不存在宗教的神圣意义，人就是宇宙中的匆匆过客，死亡就是不可再生的永逝。意识到神圣形象的存在，会感受到人的全部思想和行为都被一种洞察一切的力量监视，因此生活变得"不堪忍受之重"；意识到神圣形象的消逝，会感受到人的一切思想与行为都只不过是自己在思想和行为，因此生活变得"不能承受之轻"。这就是人在宗教世界中所感受的和承受的不可解脱的"矛盾"。

人创造了宗教，是为了从宗教中获得幸福和慰藉，也是以宗教方式对现实的一种抗议。这正如马克思所说："宗教里的苦难既是现实的苦难的表现，又是对这种现实的苦难的抗议。宗教是被压迫生灵的叹息，是无情世界的心境，正像它是无精神活力的制度的精神一样。"因此马克思强调地指出："废除作为人民的虚幻幸福的宗教，就是要求人民的现实幸福。要求抛弃关于人民处境的幻觉，就是要求抛弃那需要幻觉的处境。""宗教批判摘去了装饰在锁链上的那些虚幻的花朵，但并不是要人依旧带上这些没有任何乐趣任何慰藉的锁链，而是要人扔掉它们，伸手摘取真实的花朵。""宗教只是幻想的太阳，当人们还没有开始围绕自身旋转以前，它总围绕着人而旋转。"①

马克思关于宗教批判的思想向我们表明：宗教作为"现实的苦难的抗议""无情世界的感情"和"装饰在锁链上的""虚幻的花朵"，它既是人类追求崇高的一种表征，又是崇高的一种异化形态，即崇高在"神圣形象"中的异化；宗教批判的目的不仅是要人们抛弃"关于自己处境的幻想"和摘掉"装饰在锁链上的那些虚幻的花朵"，更重要的是要抛弃那"需要幻想的处境"并"扔掉"套在人身上的"锁链"。因此，宗教批判并不是否定

---

① 《马克思恩格斯选集》第 1 卷，人民出版社 1995 年版，第 2 页。

人类对崇高的追求，更不是"要人依旧带上这些没有任何乐趣任何慰藉的锁链"，而是要扔掉这些"锁链"即变革造成崇高在宗教中异化的现实；批判宗教并进而变革造成崇高在宗教中异化的现实，其根本目的是让人类"摘取真实的花朵"——实现人类自身的解放与崇高。正因如此，马克思明确地提出，"彼岸世界的真理消逝以后，历史的任务就是确立此岸世界的真理。人的自我异化的神圣形象被揭穿以后，揭露非神圣形象中的自我异化，就成了为历史服务的哲学的迫切任务。于是对天国的批判就变成对尘世的批判，对宗教的批判就变成对法的批判，对神学的批判就变成对政治的批判。"[①]

"消解神圣形象"与"消解非神圣形象"

人所创造的宗教，是为人的存在提供意义。"宗教是这个世界的总理论，是它的包罗万象的纲领，它的具有通俗形式的逻辑，它的唯灵论的荣誉问题，它的狂热，它的道德约束，它的庄严补充，它借以求得慰藉和辩护的总根据。"[②] 这样，宗教就把"人的本质变成了幻想的

————————

① 《马克思恩格斯选集》第1卷，人民出版社1995年版，第2页。
② 《马克思恩格斯选集》第1卷，人民出版社1995年版，第1页。

现实性"。因此，马克思从"世俗基础"的自我分裂去解释"世俗世界"与"神灵世界""此岸世界"与"彼岸世界"的分裂。

马克思认为，"费尔巴哈是从宗教上的自我异化，从世界被二重化为宗教的、想象的世界和现实的世界这一事实出发的。他做的工作是把宗教世界归结于它的世俗基础。"① 费尔巴哈认为，"人在宗教中把自己的本质对象化了"，宗教是把人的本质从人分裂出去变成上帝的本质。他认为，把人的本质归还给人，就是把人的肉体、血液、人格、性格、情感、意志、欲望等统统归还给人，把人当作感性存在的实体。

针对费尔巴哈的看法，马克思提出，"他做的工作是把宗教世界归结于它的世俗基础。他没有注意到，在做完这一工作之后，主要的事情还没有做。因为，世俗基础使自己从自身中分离出去，并在云霄中固定为一个独立王国，这一事实，只能用这个世俗基础的自我分裂和自我矛盾来说明。因此，对于这个世俗基础本身首先应当从它的矛盾中去理解，然后用排除矛盾的方法在实践

---

① 《马克思恩格斯选集》第 1 卷，人民出版社 1995 年版，第 59 页。

中使之革命化。"①

马克思认为,人类以宗教的方式塑造"神圣形象",又以世俗的方式塑造"非神圣形象",皆根源于人自身的存在方式。马克思说:"人的依赖关系(起初完全是自然发生的),是最初的社会形态,在这种形态下,人的生产能力只是在狭窄的范围内和孤立的地点上发展的。以物的依赖性为基础的人的独立性,是第二大形态,在这种形态下,才形成普遍的社会物质交往,全面的关系,多方面的需求以及全面的能力的体系。建立在个人全面发展和他们共同的社会生产能力成为他们的社会财富这一基础上的自由个性,是第三个阶段,第二个阶段为第三个阶段创造条件。"② 概括地说,人类存在的三大历史形态是:人的依赖关系;以物的依赖性为基础的人的独立性;以个人全面发展为基础的自由个性。崇高的追求、异化与实现,是以人类存在的历史形态及其发展为前提的。

在"人的依赖关系"的历史形态中,个人依附于群

———————

① 《马克思恩格斯选集》第 1 卷,人民出版社 1995 年版,第 59 页。
② 《马克思恩格斯全集》第 46 卷(上),人民出版社 1979 年版,第 104 页。

体，个人不具有独立性，只不过是"一定的狭隘人群的附属物"。个体对崇高的追求，就是对群体的崇拜。被崇拜的"群体"则异化为非人的种种"神圣形象"。崇高的追求与异化的崇高以"人的依赖关系"为基础而表现为对"神圣形象"的崇拜。马克思说："人创造了宗教，而不是宗教创造了人。就是说，宗教是那些还没有获得自己或是再度丧失了自己的人的自我意识和自我感觉。"这深刻地揭示了崇高在"神圣形象"中自我异化的现实根源。

在"以物的依赖性为基础的人的独立性"的历史形态中，个人摆脱了人身依附关系而获得了"独立性"，但这种"独立性"却是"以物的依赖性为基础"的。人依赖于物，人受物的统治，人与人的关系受制于物与物的关系，人在对"物的依赖性"中"再度丧失了自己"。于是，对"神"的崇拜变成对"物"的崇拜，崇高在"神圣形象"中的异化变成在"非神圣形象"中的异化。因此，现代人又必须在揭露"非神圣形象"的过程中而推进自身的解放。

人类创造了宗教，又要消解人在"神圣形象"中的

"自我异化"。这表明，"意识一开始就是社会的产物"，"意识在任何时候都只能是被意识到了的存在，而人们的存在就是他们的现实生活过程。"①

三、艺术：无情世界的超越

人创造了宗教，是为了从宗教中获得存在的神圣意义；然而，由于人在宗教中把自己的本质异化给了"上帝"（神）的存在，结果人又在宗教中造成了自身存在意义的失落。这就是人的意识所创造的宗教的意义世界的悖论。超越这个陷入悖论的宗教的意义世界，在于人类意识还创造了多样的"文化世界"。艺术，就是人类意识所创造的表现人的情感深度的世界。

人类情感的对象化、明朗化、和谐化

"艺术的起源，就在文化起源的地方。"这是德国著名艺术史家格罗塞在其名著《艺术的起源》中作出的论断。这个论断的启发性是意味深长的，因为它提示人们

————————

① 《马克思恩格斯选集》第1卷，人民出版社1995年版，第72页、第81页。

从文化的起源去探寻和解释艺术的起源；这个论断的可发挥性也是令人惊叹的，因为人们可以从"文化"的起源中对"艺术"的起源与本质作出种种不同的解释，其中影响广泛与深远的有"模仿说""想象说""显现说""表现说""象征说""存在说""反映说"等。

"模仿说"认为艺术是对自然的模仿；"想象说"认为艺术是人的想象力的产物；"显现说"认为艺术是对理念的感性显现；"表现说"认为艺术是情感的对象化存在；"象征说"认为艺术是苦闷的宣泄；"存在说"认为艺术是人诗意地生活的方式；"反映说"认为艺术是以感性形式的塑造来反映生活……但是，不管对艺术有多少不同的理解，艺术总是为人类展现了一个审美的世界，一个表现人的感觉深度的世界，一个深化了人的感觉与体验的世界。在艺术世界中，情感体验本身获得了自足的意义。艺术使个人的感受条理化，使个人的体验和谐化，它调整和升华了人的感受与体验。艺术又使人的情感对象化、明朗化，在想象的真实中获得真实的想象。在艺术的世界中，人的生活获得了美的意义与价值。

艺术世界是美的世界，艺术创造是美的创造。艺术直接地、鲜明地、集中地体现着人是按照美的规律来塑造，艺术确证着人类心灵的复杂性、丰富性和创造性，确证着人与世界之间的丰富多彩的矛盾关系。文学家雨果有一名言：科学——这是我们，艺术——是我。科学所要表述的是不以人的意志为转移的客观规律，它所表述的真理性认识需要取得人们的共识，因而是"我们"；艺术所要表达的是个体感受到的强烈的审美体验，它所表达的审美体验需要具有鲜明的个性，因而是"我"。

作为"我"的艺术，是以艺术形象的方式而成为人类把握世界的一种特殊方式。理论要通过逻辑论证来"以理服人"，艺术则要通过艺术形象来"以情感人"。艺术形象以其所具有的审美意义来激发人们的美感，因而艺术形象必须具有艺术美的典型性、理想性和普遍性，也就是"艺术性"。实际上，艺术并不是离开"我们"的单纯的"我"，而是以艺术的方式所实现的"我"与"我们"的对立统一。在艺术活动中，"我"是"画内音"，而"我们"则是"画外音"，即艺术以"我"的声音发言，而艺术所表达的"我们"共同的情感与意愿则蕴含于"我"的艺术表现之中。伟大的科学家爱因斯坦曾经指出,"这个世界可以由乐谱组成,也可以由数学公式组成。"因此,对于艺术中的"我"与"我们"的关系,应予以辩证的理解。

艺术,它是以"艺术"的方式而集中、鲜明、强烈地表现了人类的感情,表现了人类感情的深度。在人类的情感中,亲情、友情和爱情,也许是最为炽烈与深沉的。作家刘心武说,"人生一世,亲情、友情、爱情三者缺一,已为遗憾;三者缺二,实为可怜;三者皆缺,活而如亡!"这番感慨确实是肺腑之言,至诚之言。还有人更为具体地提出,亲情是一种深度,友情是一种广度,爱情是一种纯度。亲情的"深度",在于它没有条件,不要回报,像春雨滋润心田,如阳光沐浴人生。友情的"广度",在于它浩荡宏大,有如可以随时安然栖息的堤岸。爱情的"纯度",在于它是一种神秘无边,可以使歌至忘情、泪至潇洒的心灵照耀。体验了亲情的深度,领略了友情的广度,拥有了爱情的纯度,这样的人生,才称得上是名副其实的人生,才说得上是美好的人生。艺术,正是以"艺术"的方式而使人的亲情、友情和爱情对象化和明朗化于艺术作品之中，并从而让人们在艺术作品中体会人类情感的深度。这就是人类意识的超越性在艺术作品中所实现的人类情感的自我体验与自我深化。

无论古今中外，人们总是用诗歌来吟唱亲情，用绘画来描绘亲情，用音乐来赞美亲情，用小说来表达亲情，亲情永远是文学艺术的最为动人的主题。"慈母手中线，游子身上衣，临行密密缝，意恐迟迟归，谁言寸草心，报得三春晖。"这是古人对母爱的吟诵。尘世嚣嚣，红尘滚滚，浪迹天涯的游子总是怀着一分亲情的温暖，远离故土的人们，总是品味着难以忘怀的乡愁。"劝君更尽一杯酒，西出阳关无故人。"这是多么悲凉、凄怆，又是何等亲切、温柔！当代的一曲《又是九月九》，引发了多少人的感慨与共鸣。"家乡才有美酒，才有问候。"亲情使人变得温柔，亲情也使人变得刚毅。

人生在世，幸福需要有人分享，痛苦需要有人分担，心声需要有人倾听，心灵需要有人抚慰。翻开《唐诗三百首》，扑入眼帘的，感人至深的，便尽是抒发友情的诗篇。"李白乘舟将欲行，忽闻岸上踏歌声，桃花潭水深千尺，不及汪伦送我情！"在这明白如话的诗句中，表达了深挚的友情，以致千古传唱，并把"桃花潭水"作为抒写别情的常用语。"凉风起天末，君子意如何？鸿雁几时到，江湖秋水多。文章憎命达，魑魅喜人过。应共冤魂语，投诗赠汨罗。"杜甫的这首因秋风感兴而怀念李白的诗篇，低回婉转，沉郁深微，充满着对友人的殷切的思念、细微的关注和发自心灵深处的感情。"山光忽西落，池月渐东上。散发乘夕凉，开轩卧闲敞。荷风送香气，竹露滴清响。欲取鸣琴弹，恨无知音赏。感此怀故人，中宵劳梦想。"夏夜水亭，散发乘凉，耳闻滴水，鼻嗅花香，岂非人间快事？然而，"欲取鸣琴弹，恨无知音赏"！孟浩然的这首诗，也许正是表达了友情才是生活的深切感受。

最激动人心的真情，大概就是爱情。人们把爱情比喻为火，显示出燃烧的瑰丽；人们把爱情又比喻为水，显示出柔情的魅力；人们把爱情还比喻为花，显示出诱人的芳香；人们也把爱情比喻为诗，显示出难以言说的美丽。不要去说那些柔情似水的诗人，也不要去说那些凄凄切切的词家，就是以"豪放"著称的陆放翁、苏东坡，也为人们写下了爱情的千古绝唱。"红酥手，黄滕酒，满城春色宫墙柳。东风恶，欢情薄，一怀愁绪，几年离索。错，错，错！春如旧，人空瘦。泪痕红浥鲛绡透。桃花落，闲池阁。山盟虽在，锦书难托。莫，莫，莫！"陆游的这首《钗头凤》，以"错，错，错"述说巨大的婚姻不幸，以"莫，莫，莫"表达无可奈何的悲痛绝望之情，真是感天地而泣鬼神。而苏轼的《江城子》，不仅使人感受到爱情的美丽，更能体会到爱情的力量。"十年生死两茫茫。不思量，自难忘。千里孤坟，无处话凄凉。纵使相逢应不识，尘满面，鬓如霜。夜来幽梦忽还乡，小轩窗，正梳妆。相顾无言，惟有泪千行。料得年年肠断处：明月夜，短松冈。"整首词饱含沉挚深厚的情感，抒发哀切缠绵的思恋，使人感受到天地间的真情实意，体会到夫妻间的永恒爱情。

亲情、友情、爱情，都是真情，不是虚情。唯有真情，才能化解人生的寂寞，才能带来人生的真实。唯有真情的艺术，才是使人类的超越意识获得表现情感深度的真正形式。

艺术是"生命的形式"

艺术把人带入美的境界，是因为艺术展现了生命的活力与创造，是因为艺术表现了充满活力与创造的生命。艺术是人类超越意识的体现，艺术是生命的形式。

美学家苏珊·朗格曾对艺术美作出这样的阐释："你愈是深入地研究艺术品的结构，你就会愈加清楚地发现艺术结构与生命结构的相似之处。"她还具体地指出，"这里所说的生命结构包括从低级生物的生命结构到人类情感和人类本性这样一些高级复杂的生命结构（情感和人性正是那些最高级的艺术所传达的意义）。""正是由于这两种结构之间的相似性，才使得一幅画，一支歌或一首诗与一件普通的事物区别开来——使它们看上去像是一种生命的形式；使它看上去像是创造出来的，而不是用机械的方法制造出来的；使它的表现意义看上去像是直接包含在艺术品之中这个意义就是我们自己的感性存在，也就是现实存在。"① 我国现代美学家宗白华也认为，艺术的"节奏""旋律""和谐"等，"它们是离不开生命的表现，它们不是死的机械的空洞的，而是具有丰富的内容，有表现、有深刻意义的具体形象。"②

---

① 《艺术问题》，中国社会科学出版社1983年版，第55页。
② 参见宗白华：《美学散步》，上海人民出版社1981年版，第15页。

艺术美不仅是人的创造性的结晶，而且它本身就是生命活动的体现。艺术美的根基，在于艺术本身是"生命的形式"。齐白石的"虾"不能在江海中嬉戏，徐悲鸿的"马"不能在草原上奔驰；然而，人们却在这"虾"或"马"中感受到了生命的活动与创造，体验到了强烈的艺术创造的生命之美。艺术，只有显示生命的欢乐与悲哀，生命的渴望与追求，生命的活力与创造，才有艺术之美；欣赏艺术作品，只有体验到生命的广大与深邃，生命的空灵与充实，才能进入艺术的世界，才能以艺术滋润生命，涵盖生命，激发生命的创造，创造美的生活。

人是创造性的存在，人是自己所创造的文化的存在。文化的历史积淀造成人的愈来愈丰富的心灵的世界、情感的世界、精神的世界。人需要以某种方式把内心世界对象化，使生命的活力与创造获得某种特殊的和稳定的文化形式。这种文化形式就是创造美的境界的艺术。

艺术形象，都是把情感对象化和明朗化，又把对象性的存在主观化和情感化，从而使人在艺术形象中观照自己的情感，理解自己的情感，品味自己的情感，使人的精神世界、特别是情感世界获得稳定的文化形式。因此，艺术形象比现实的存在更强烈地显示生命的创造力，更强烈地激发生命的创造力。对于人的生命体验、特别是情感体验来说，艺术世界是比现实存在更为真实的文化存在。

艺术所建造的艺术形象的世界并不是简单地"表现"生命创造的生机与活力，而是能够激发人的崇高和美好的情感，诱发人的丰富和神奇的想象，唤起人的深沉和执着的思索，在心灵的观照和陶冶中实现人的精神境界的自我超越。艺术形象的这种特殊功能，在于它内蕴的文化积淀总是远远地大于它呈现给人的表现形式。这就是艺术形象的美的意境，对于人的内心世界来说，美的意境是比艺术形象更为真实的文化存在。

在《艺术与视知觉》一书中，阿恩海姆提出"一个不可否认的事实是：那些赋予思想家和艺术家的行为以高贵性的东西只能是心灵。心理学家们已经发现，这一事实实际上并不是一种偶然的和个别的现象，它不仅在视觉中存在着，而且在其他的心理能力中存在着。人的各种心理能力中差不多都有心灵在发挥作用，因为人的诸心理能力在任何时候都是作为一个整体活动着，一切

知觉中都包含着思维，一切推理中都包含着直觉，一切
观测中都包含着创造"。① 艺术是心灵的创造，是人的意
识的超越性的生动展现。

艺术是"时代的敏感的神经"

艺术作为人类超越意识的文化形式，它不仅仅是
"生命的形式"，也是"现实的镜子"，它以艺术形象的
方式而使人们强烈地感受到自己的"时代精神"。艺术，
它是"时代的敏感的神经"。

艺术不是简单地反映世界，而是反映艺术家眼里的世
界。文艺创作所反映的现实并不是现实世界的自然状态，
而是心灵化的现实。在艺术中，感性的东西是经过心灵
化的，而心灵的东西也借感性化而显现出来。在文艺创
作中，心灵的现实化和现实的心灵化一直在交错进行。
艺术家的"心灵"状态与艺术品的"艺术性""思想性"
是密不可分的。

当代著名小说家米兰·昆德拉曾经提出，"评价一个
时代精神不能光从思想和理论概念着手，必须考虑到那
个时代的艺术，特别是小说艺术。19世纪蒸汽机车问世

---

① 阿恩海姆：《艺术与视知觉》，中国社会科学出版社1984年版，引言第5页。

时，黑格尔坚信他已经掌握了世界历史的精神，但是福楼拜却在大谈人类的愚昧。我认为这是 19 世纪思想界最伟大的创见。"①

关于哲学与艺术在体现时代精神中的作用，恩格斯和列宁分别以巴尔扎克和托尔斯泰为例，阐述了文学艺术作为时代的敏感的神经的重大的意义。

在关于文学的"现实主义"的通信中，恩格斯说，"巴尔扎克，我认为他是比过去、现在和未来的一切左拉都要伟大得多的现实主义大师，他在《人间喜剧》里给我们提供了一部法国'社会'，特别是巴黎'上流社会'的卓越的现实主义历史，……围绕着这幅中心图画，他汇集了法国社会的全部历史，我从这里，甚至在经济细节方面（如革命以后动产和不动产的重新分配）所学到的东西，也要比从当时所有职业的历史学家、经济学家和统计学家那里学到的全部东西还要多。……巴尔扎克就不得不违反自己的阶级同情和政治偏见而行动；他看到了他心爱的贵族们灭亡的必然性，从而把他们描写成不配有更好命运的人；他在当时唯一能找到未来的真正

---

① 昆德拉：《生命中不能承受之轻》，作家出版社 1991 年版，第 342 页。

的人的地方看到了这样的人，——这一切我认为是现实主义的最伟大胜利之一，是老巴尔扎克最重大的特点之一。"①

在评论列夫·托尔斯泰的时候，列宁提出，"托尔斯泰主要是属于一八六一至一九〇四年这个时代的；他作为艺术家，同时也作为思想家和说教者，在自己的作品里惊人地、突出地体现了整个第一次俄国革命的历史特点，它的力量和它的弱点。"② 作为伟大的作家，他是"俄国千百万农民在俄国资产阶级革命快到来的时候的思想和情绪的表现者。"③ 艺术作为时代的敏感的神经，它使艺术家的主体自我意识超越了个体意识的局限，而达到了对该时代的社会自我意识的艺术把握。

四、伦理：个体世界的超越

"社会"是人类生活的前提，"伦理"则是维系人的

---

① 《马克思恩格斯选集》第 4 卷，人民出版社 1995 年版，第 683—684 页。
② 《列宁全集》第 16 卷，人民出版社 1959 年版，第 322 页。
③ 《列宁全集》第 2 卷，人民出版社 1972 年版，第 371 页。

社会性存在的基础。在汉语中，"伦，犹类也；理，犹分也"。"伦"字有类、条理、顺序、秩序等基本含义，继后有引申义"关系"，因而古代思想家强调对人们"教以人伦"，认为父子、君臣、夫妇、长幼、朋友之间的亲、义、别、序、信是人们之间的最重要的"人伦"关系；"理"字本义为"治玉"，引申为分、条理、道理、规则等词义，而"分"则是指本分、职责。"伦理"二字的含义，就是指人们在各种社会关系中应遵守的规则和应尽到的职责。人类意识的超越性，在人类自己的社会生活中，最为重要的就是体现在超越"小我"的道德意识和伦理观念。

"我"的自我意识

人具有"我"的自我意识。这是人与世界形成"关系"的前提。对此，马克思和恩格斯曾经明确地提出："凡是有某种关系存在的地方，这种关系都是为我而存在的；动物不对什么东西发生'关系'，而且根本没有'关系'；对于动物来说，它对他物的关系不是作为关系存在的。"① 然而，"我"本身却是矛盾性的存在，甚至可以说

---

① 《马克思恩格斯选集》第 1 卷，人民出版社 1995 年版，第 81 页。

是集全部矛盾于一身的存在。其中，首要的就是"小我"与"大我"的矛盾。

关于"我"，辩证法大师黑格尔有一段颇为精彩的论述。他说："因为每一个其他的人也仍然是一个我，当我自己称自己为'我'时，虽然我无疑地是指这个个别的我自己，但同时我也说出了一个完全普遍的东西。"①

黑格尔的论述提示我们："我"是个别与普遍的对立统一。从个别性看，"我"是作为独立的个体而存在，"我"就是我自己；从普遍性看，"我"又是作为人类的类分子而存在，"我"又是我们。作为个体性存在的"我"是"小我"，作为我们存在的"我"则是"大我"。"小我"与"大我"是"我"的两种存在方式。由于"大我"具有明显的层次性，诸如家庭、集体、阶层、阶级、民族、国家和人类，因此又构成多层次的"小我"与"大我"的复杂关系。正是这种多层次的复杂关系，构成了人的无限丰富的社会性内涵。

"我"当然首先是作为个体的"小我"而存在的。这正如马克思所说，"全部人类历史的第一个前提无疑是有

_____

① 黑格尔:《小逻辑》，商务印书馆1980年版，第81页。

生命的个人的存在。"① 没有作为个体生命的人的存在，当然不会有人类和人类的历史。但是，人的生命个体之所以能够作为"人"而存在，却又是因为每个人都是作为人的"类"分子而存在。这就是人作为"小我"与"大我"的对立统一。

对此，黑格尔在他所著的《精神现象学》中曾提出，个体性在活动中与共同性相融合，并因此而形成"我们"就是"我""我"就是"我们"的意识。

黑格尔区分了自我意识发展的三个主要阶段，这就是"单个自我意识""承认自我意识"和"全体自我意识"这三个阶段。第一阶段，"单个自我意识"，它只意识到自身存在、自己的同一性和同其他客体的区别。这种对自身作为一个独立单位的意识是必要的，但也是很狭隘的。它必然会转化为承认自己的不足，承认周围世界的无限性和自己的渺小性，其结果就是感到自己与世界不谐调和力求自我实现。黑格尔把自我意识发展的这个阶段称为"欲望自我意识"。

---

① 《马克思恩格斯选集》第 1 卷，人民出版社 1995 年版，第 67 页。

第二阶段，"承认自我意识"，其前提是人际关系的产生：人意识到自己是为他人存在。个体与他人接触，从他人身上认知自己的特点，因此，对个体说来，自己的"自我"有了新鲜性，引起他的注意。对自身单个性的意识从而转化为对自身特点的意识。相互承认是最基本的心理过程。但是，不能把这个过程归结为和平的心理接触，黑格尔认为这基本上是一个冲突的过程。并且把它同统治和从属的关系相联系。在心理学上，这首先是差异意识。

第三阶段，"全体自我意识"，也就是说，相互作用的"自我性"掌握"家庭、乡里、国家以至一切美德——爱情、友谊、勇敢、诚实、荣誉"的共同原则，从而不仅意识到自己的差异，而且意识到自己的深刻共同性以至同一性。这种共同性就构成"道德实体"，使个体的"自我"成为客观精神的一个因素、一个部分。

因此，自我意识的发展是一个有规律性、有阶段性的过程，其各个阶段不仅与人的个体生命途程相适应，而且与世界历史的途程相适应。黑格尔强调，个体发现自己的"自我"不是通过内省，而是通过他人，通过从个体向全体过渡的交往和活动。①

由此便形成以"小我"与"大我"的关系为内容的个体性与普遍性、独立性与依附性、个人利益与整体利益、价值取向与价值导向、价值认同与价值规范等等的矛盾关系。这些矛盾关系又构成了对人类的生存与发展具有重大意义的伦理道德问题、价值规范问题、政治理想问题、社会制度问题、社会进步问题和人类未来问题。

伦理关系中的"小我"与"大我"

人是社会的、历史的存在，人的个体生命是同社会发展的历史过程密不可分的；反过来看，历史就是追求自己的目的的人的活动过程，历史发展又是同人的创造意义的生命活动密不可分的。正因如此，马克思说，"首先应当避免重新把'社会'当作抽象的东西同个人对立起来。个体是社会存在物。因此，他的生命表现，即使不采取共同的、同其他人一起完成的生命表现这种直接形式，也是社会生活的表现和确证。人的个人生活和类生活并不是各不相同的，尽管个人生活的存在方式必然是类生活的较为特殊的或者较为普遍的方式，而类生活必

---

① 科恩《自我论》中有关概括，三联书店 1986 年版，第 31—32 页。

然是较为特殊的或者较为普遍的个人生活。"① 我们应当从这样的观点出发去看待"小我"与"大我"的关系。

人们以伦理的方式把握世界，就形成了以某种价值观为核心，以相应的伦理原则和伦理规范为基本内容的伦理文化。在任何时代的"时代精神"中，伦理文化都具有显著的重大意义。一个社会的伦理文化和伦理精神的扭曲，都会造成人的生活意义的扭曲、变形和失落。因此，人类总是需要以超越性的意识去解决社会生活中的"小我"与"大我"的关系。

任何一个社会的价值体系中，都存在着相互矛盾的两个基本方面，这就是社会的价值理想、价值规范和价值导向与个人的价值目标、价值取向和价值认同之间的矛盾。通俗地说，就是社会所引导的"我们到底要什么"与个人所追求的"我到底要什么"之间的矛盾。这就是价值关系中"小我"与"大我"的矛盾关系。

社会中的每个人的价值目标和价值取向总是千差万别、千变万化的，具有极大的主观性、任意性和随机性，

———————————
① 《马克思恩格斯全集》第 42 卷，人民出版社 1979 年版，第 122—123 页。

似乎仅仅是依据个人的利益、欲望、需要、兴趣甚至是情绪进行价值选择。然而，透过个人的千差万别和千变万化的价值选择，我们会看到，个人的价值目标总是取决于社会所指向的价值理想，个人的价值取向总是"取向"某种社会的价值导向，个人的价值认同总是"认同"某种社会的价值规范。因此，在社会的价值体系中，社会的价值理想、价值规范和价值导向总是处于主导和支配的地位，总是起着决定性的作用。

社会的价值导向对个人的价值取向的决定性作用，首先是表现在个人的价值取向中的社会内容、社会性质和社会形式这样三方面：其一，从个人的价值取向的内容上看，总是具有社会内容的社会正义、法律规范、政治制度、人生意义等问题，而绝不是没有社会内容的纯粹个人问题；其二，从个人的价值取向的性质上看，总是具有社会性质的真善美与假恶丑、理想与现实、历史的大尺度与小尺度、集体利益与个人利益、整体利益与局部利益、长远利益与暂时利益等问题，而绝不是与社会无关的所谓纯粹的个人问题；其三，从个人价值取向的形式上看，总是通过具有社会形式的科学、哲学、艺术、伦理、宗教等方式体现出来，而绝不是没有社会形式的纯粹的个人表现。

个人的价值取向所具有的社会内容、社会性质和社会形式，表明了社会价值导向对社会成员的价值取向的支配地位和决定作用。现实生活一再告诉我们，个人的价值取向的总体倾向，总是取决于社会的基本的价值导向；个人的价值取向的困惑，总是根源于社会的价值坐标的震荡；而解决个人的价值取向的矛盾，首先必须解决社会的价值导向的矛盾。

在谈到人生境界时，冯友兰说，一个人了解到"这个社会是一个整体，他是这个整体的一部分。有这种觉解，他就为社会的利益做各种事，或如儒家所说，他做事是为了'正其义不谋其利'，他真正是有道德的人，他所做的都是符合严格的道德意义的道德行为。他所做的各种事都有道德的意义。所以他的人生境界，是我所说的道德境界。"①

----

① 冯友兰：《中国哲学简史》，北京大学出版社 1996 年版，第 291—292 页。

心中的道德律

许多人都知道德国古典哲学奠基人康德的一句名言。这句话是："有两种东西，我们对它们的思考越是深沉和持久，它们所唤起的那种越来越大的惊奇和敬畏就会充溢我们的心灵——这就是繁星密布的苍穹和我心中的道德律。"

多数人是把道德视为"他律"，即认为道德是从道德以外的原则中引申出来的。例如，有的道德学家认为道德原则源于"上帝的意志"或"社会的法规"，有的道德学家主张善和恶的观念是从人力求达到的目的和从人的行为结果派生出来的。与此相反，康德则强调道德是在原则上的独立性和自身价值。在康德看来，"知性、机智和判断力以及（无论怎样称呼）精神的才能、或作为在某些方面的气质特性的勇敢、果断、坚定的目的性，无疑都是非常好的和人们喜欢具有的；但是它们也可以成为最坏的和最有害的，如果那个理应利用这些天赋的意志很不善良的话……"

康德终其一生总是"惊奇和敬畏"那"繁星密布的

苍穹",并直到生命完结之前仍然恪守和遵循他自己"心
中的道德律"。根据记载,康德去世前九天,他的医生拜
访了他。他已经风烛残年,重病在身,双目几乎失明。
他从椅子上站起来,由于过分虚弱,身体有些颤抖,口
中喃喃自语。过了一会儿,他的好朋友才弄明白:他坚
持要客人先入座。客人坐下后,康德才在他的帮助下坐
下来。又过了一会,恢复了些气力,他说,"人道之情现
在还没离我而去呢。"两个人都为之动情,几乎潸然泪
下。因为,虽然人道这个字眼在 18 世纪不过就是指高雅
或礼仪而已,但它对康德来说却有更深刻的含义。这就
是:人对自我承认和自我强加于自身的那些原则的自豪
感和悲剧意识。①

　　"天地境界"中的"大我"与"小我"

　　在寻求"天人合一"的中国传统哲学中,"小我"与
"大我"不仅是表现为社会中的个体(小我)与社会本
身(大我)的矛盾关系,而且首先是表现为生命个体
(小我)与宇宙本身(大我)的矛盾关系。

---

　　① 潘诺夫斯基:《视觉艺术的含义》,辽宁人民出版社 1987 年版,第 1—2 页。

按照中国传统哲学的观点，宇宙并非一个僵死的存在，而是蕴涵着无穷的生机与活力。充盈于天地之间的"生意"使整个宇宙成为融合天地间的有机系统。在这个有机的宇宙中，人生于天地之中，又以自己的创造活动来"赞天地之化育"。在这种"天人合一"的宇宙观与人生观中，宇宙是具有普遍价值的"大我"，它的普遍价值内在于每个生命个体之中；生命个体作为宇宙的普遍价值的体现，又以自己的生命的创造活动而实现自己的尊严与价值。在这个宇宙"大我"与生命"小我"的关系中，"大我"并不是压抑"小我"的某种神秘力量，"小我"也不是"大我"自我实现的手段或工具，而是"大我"与"小我"在生生不息中的"统一""合一""融合"。

人不仅有生物生命，而且有精神生命和社会生命，人是三重生命的矛盾统一体；人不仅生活于自然世界，而且生活于自己创造的文化世界和意义世界，人的世界是三重世界的矛盾统一体。因此，人的生命之根是人的三重生命的和谐，人的立命之本是人的三重世界的统一。

生命无根和立命无本的自我感觉和自我意识，从根本上说，是人的三重生命和人的三重世界的扭曲与断裂。

现代人寻找"家园"，寻求"在家"的感觉。"在家"的感觉，是一种自在自为的感觉，也就是自由的感觉，美的感觉。"在家里"，你可以任性，可以任意，可以无拘无束，可以不遮不掩，可以"自在"，可以"自为"，"自在"即是"自为"，"自为"也是"自在"。"在家"感受的是自在自为之美。

寻找"家园"，是希望"社会"成为大家的"家园"；寻求"在家"的感觉，是向往"社会"就是"在家"的感觉。如果"人和人像狼一样""他人就是地狱"，只能是让人感受到"喧嚣中的孤独"，又如何会有"在家"的那份自在自为的感觉呢？又怎么会有"在家"的那份自在自为之美呢？对生命的寻根，是寻求社会的和谐；对"家园"的向往，是向往生活于美好和谐的社会。离开社会生命，人的生物生命和精神生命，就会成为"上不着天、下不着地"的悬浮之物。

寻求"家园"，又是希望"自然"成为人类的"家园"；寻求"在家"的感觉，又是向往"自然"就是"在家"的感觉。地球是人类生存的家园。人无法忍受"家园"的绿野变成荒漠，无法忍受"家园"的江河变得混浊，无法忍受"家园"的蓝天变得灰暗，无法忍受"家园"的生物濒临灭绝。人不能在满目疮痍的"家园"中生活，人不能在"无底的棋盘上游戏"。

人类超越了自然，又在自身的发展中力图使自己在高级的层次上回归于自然，达到"天人合一"的境界，"自在自为"的境界，人与自我、人与社会、人与自然的和谐之美的境界。

我国哲学家冯友兰说，"一个人可能了解到超乎社会整体之上，还有一个更大的整体，即宇宙。他不仅是社会的一员，同时还是宇宙的一员。他是社会组织的公民，同时还是孟子所说的'天民'。有这种觉解，他就为宇宙的利益而做各种事。他了解他所做的事的意义。自觉他正在做他所做的事。这种觉解为他构成了最高的人生境界，就是我所说的天地境界。"① 以这种"天地境界"去

---

① 冯友兰：《中国哲学简史》，北京大学出版社1996年版，第292页。

思考"小我"与"大我"的关系，对于重新认识人与自然的关系，并因而对于解决当代人类所面对的严峻的"全球问题"，应当说是尚有启发性和建设性的。

五、科学：经验世界的超越

"科学是人的智力发展中的最后一步，并且可以被看成是人类文化最高最独特的成就。"

"在我们现代世界中，再没有第二种力量可以与科学思想的力量相匹敌。它被看成是我们全部人类活动的顶点和极致，被看成是人类历史的最后篇章和人的哲学的最重要主题。"

"对于科学，我们可以用阿基米德的话来说：给我一个支点，我就能推动宇宙。在变动不居的宇宙中，科学思想确立了支撑点，确立了不可动摇的支柱。"

上述三句话，均引自德国哲学家卡西尔的《人论》一书。人类对自己所创造的"科学"的赞誉，也许可以集中地体现在卡西尔关于"科学"的评论之中。确实，在人类的现代生活中，有哪一种文化样式能与科学的力量相比呢？有哪一种文化样式能像科学这样体现人类智力的创造性呢？有哪一种文化能够像科学这样展示人类意识的超越性呢？

理论思维的基本方式

科学是一种人类活动，是一种人类把握世界的基本方式，是理性和进步的事业。

科学作为人类的一种活动，它是人类运用理论思维能力和理论思维方法去探索自然、社会和精神的奥秘，获得关于世界的规律性认识，并用以改造世界的活动。

科学作为人类把握世界的一种基本方式，它区别于对世界的宗教的、艺术的、伦理的、常识的和哲学的把握，是人类运用科学的思维方式和科学的概念体系去构筑科学的世界图景的方式。

科学作为理性和进步的事业，它是科学的思维方法和科学的概念系统的形成和确定、扩展和深化、更新和革命的过程。科学发展过程中所编织的科学概念和科学范畴之网，构成了愈来愈深刻的科学世界图景，也构成了人类认识世界的愈来愈坚实的阶梯和支撑点。

人类的理论思维起源于对幻化的神话思维方式的超越，并形成于对经验的常识思维方式的超越。人类理论思维形成的过程，首先是逻辑思维的形成过程，即形式逻辑的形成过程。这是因为，人的认识由幻化的思维方式和常识的思维方式进展为概念的思维方式，就是由对认识对象的经验式的直观把握，进展到对认识对象的超验的逻辑把握。思维的逻辑化，或者说思维的合乎逻辑，是理论思维即概念思维的首要前提。

思维的逻辑化，源于思维"解释"世界的需求。人类在认识和改造世界的活动中，不仅需要"表象"世界（在头脑中形成和再现世界的映像），而且需要"解释"世界（在头脑中形成关于世界的"共性""本质""必然""规律"的认识，并以此去说明世界上的各种各样的"个别""现象""偶然""变体"的存在）。这种"解释"的需求，必须具备下述基本条件，才能得以实现：其一，"类概念"的形成，即形成把握世界的不同程度、不同等级的"普遍概念"；其二，思维规则的形成，即以形式化的方式确认思维运演（思维操作）的规则，保证思维过程的确定性和无矛盾性；其三，概念内涵的反思，即对概念定义的追问和反省。这集中地体现了理论思维对常识思维的超越。在常识思维中，依附于经验表象的概念，只不过是指示某种经验对象的"名称"，因而无须追问概念的内涵；而在理论思维中，思维的逻辑却恰恰是概念内涵之间的关系。因此，作为理论思维的科学思维，必须为概念下定义，反思概念的内涵。科学思维是运用概念的逻辑，是以运用概念的逻辑去把握世界、描述世界和解释世界，为解释世界而提供某些"原理"或"公理"。

人类理论思维的形成过程，特别是科学作为理论思维的基本方式的形成过程，突出地表现为对常识思维方式的超越。

在人类的发展史上，科学是经过漫长而又艰难的过程才发展成为一种独特的认识方式。它根源于人类的共同理解和普通的认识方式之中，"在科学本身的基础上，铭刻着它同普通经验、普通的理解方式以及普通的交谈和思维方式的历史连续性的印记，因为科学并不是一跃而成熟的"。① 关于科学的形成与发展的进程，我们可以作出这样的概述：从用某种臆想的原因来解释观察到的事实，进展为用某种单一的或者统一的解释原理来概括整个自然现象领域；从以共同的经验概括而形成描述和规范实践的常识概念框架，进展为具有明确性、可反驳性和逻辑解释力的科学概念框架；从对经验事实的理性反思，进展为针对描述和规定实践的各种规则和原理的批判。这表明科学活动与人类其他活动的连续性与间断性统一于人类自身的历史发展。

科学形成于经验常识批判。它在观察和实验的基础上，以理性抽象的形式构成关于经验对象的科学解释，说明或反驳经验常识，从而以科学概念取代常识概念、以科学原理取代常识信念，把形式逻辑推理的常识前提转换为科学前提。

知识的本质是对普遍性的寻求。常识作为知识，它是从个体经验中积淀出的共同经验。这种共同经验所具有

① 瓦托夫斯基：《科学思想的概念基础》，求实出版社 1982 年版，第 11 页。

的普遍性，只是经验的普遍性或普遍性的经验，而不是关于经验对象的普遍性原理。这种共同经验所具有的普遍性，只是经验共同体的日常活动模式，而不是关于这种活动模式的理论解释。最初的科学萌芽，则在于要求超越共同经验而获得对共同经验的解释，超越日常活动模式而形成说明这种模式的根据。这种要求的产物，就是把主要的东西同次要的东西区别开来，把有关系的东西同无关系的东西区别开来，把多样性的存在归结为单一性的存在，从而形成对共同经验的"概括"。这种"概括"出来的东西，就是作为解释性原理而存在的萌芽状态的科学知识。

解释性原理作为思维"抽象""概括"的产物，具有不可避免的"超验性"。这种超验的解释性原理是关于经验对象的本质规定的理论表述，它表现为各种特殊的科学概念的逻辑体系，并表现为运用和操作这些特殊的概念系统的科学思维方式。

科学概念的逻辑体系，是以各种首尾一贯、秩序井然的符号系统的概念框架来理解、描述和操作研究对象，并使这些符号系统本身成为自我理解的对象。在科学概念的逻辑体系中，虽然也使用诸如上下、大小、内外、强弱、冷热、快慢、高低、因果、时空、运动、发展、价值等各种常识概念，但是，它们作为特殊的科学概念框架中的概念，已经被赋予了各种不同的特殊的规定性，与常识所理解的这些概念往往是大相径庭的。科学改造了常识，科学超越了常识。

科学形成于常识批判，而科学的发展则表现为科学的自我批判。这种自我批判更为深刻地体现了科学的超越性。

科学的发展主要表现在两个方面：一是新的科学理论必须具有向上的兼容性，即能够对原有的科学理论作出更为合理的理论解释；二是新的科学理论应该具有论域的超越性，即能够提出和回答原有的科学理论所没有提出或没有解决的问题。前者属于原有逻辑层次上的理论的延伸、拓宽和深化，后者则要求突破原有的思维方式，实现逻辑层次的跃迁。与此相对应，科学的自我批判也具有两个基本层次。

任何一门科学在自身的历史发展过程中，总是出现两类问题：经验问题和概念问题。所谓经验问题，即理论与经验的不一致、理论与经验的冲突问题。所谓概念问题，一是指理论内部出现的矛盾或基本概念的含混不清即"内部概念问题"，二是指某一理论与另一理论或另一种基本信念的相互冲突即"外部概念问题"。

在发生经验问题或概念问题的时候，科学的自我批判就是不可避免的了。对于经验问题，科学或是批判地检讨和修正既有理论以适应新发现的事实，或是批判地考察和解释新的事实以适应既有的理论。在科学的发展过程中，这两方面又往往是相互渗透和相互补充，从而达到既有理论的拓宽或深化。对于概念问题，科学或是通过调整和澄清原有的概念系统使之具有更强的逻辑自洽性，或是通过"科学范式""研究纲领"的转换而构成新的层次上的科学理论。

在对科学所体现的人类意识的超越性的理解中，我们还应当看到，科学所具有的伟大力量，在于它具有一种"首尾一贯的""新的强有力的符号系统"，"向我们展示了一种清晰而明确的结构法则"，"把我们的观察资料归属到一个秩序井然的符号系统中去，以便使它们相互间系统连贯起来并能用科学的概念来解释"。

在对科学的理解和对科学特征的表述上，作为科学哲学家的瓦托夫斯基与作为文化哲学家的卡西尔有许多共同之处，他也认为，"科学研究不单单是一件积累事实的事情，科学也不是一大堆积累起来的事实。就科学是理性的和批判的而言，它是一项力图整理观察事实并在清晰的语言结构中，用某种首尾一贯的、系统的方法来表示这些事实的尝试。"

瓦托夫斯基提出："属于科学发明的事物中，最奇妙的就是科学概念。它们实际上是科学思维和对话的尖端工具和高超技术。"在科学理论中，"概念并不是一些孤立的理解。相反地，它们是彼此联系的，而且联系于一个概念网络并依照这个概念网络而得到理解，形成我们可以称之为概念框架或概念结构的东西"。科学以自己的各种不同的概念框架来系统地构筑人类的经验世界，并通过这些概念框架来实现相互理解和自我理解。科学概念框架的突出特征是，它不仅具有超出常识、通常语言和通常活动的严密性，而且采用适合于特殊研究课题的特殊语言，形成特殊的、具有高度精确性和高度专业化的概念系统。

人类的科学发展史是科学思维方法和科学概念系统的形成和确定、扩展和深化、更新和革命的历史。科学理论所编织的概念、范畴之网，构成人类认识的"阶梯"和"支撑点"，从而推进人类认识的不断发展，也就是人类意识的不断的自我超越。

人类意识的科学精神

科学是一种人类活动，是一种体现人类智力最高成就的人类活动，在这个意义上，科学精神就是在科学活动中凝聚和升华了的人类精神。它集中地表现为探索真理的求真精神、尊重事实的求实精神、自我扬弃的批判精神和超越现状的创造精神。

在人类文明的不同历史时代，科学精神也具有不同的内容和不同的形式。恩格斯提出，"在希腊人那里是天才的直觉的东西，在我们这里是严格科学的以实验为依据的研究的结果，因而也就具有确定得多和明白得多的形式。"① 同时，恩格斯又指出："18 世纪上半叶的自然科学在知识上，甚至在材料的整理上大大超过了希腊古代，但是在观念的掌握这些材料上，在一般的自然观上却大大低于希腊古代。在希腊哲学家看来，世界在本质上是某种从混沌中产生出来的东西，是某种发展起来的东西、某种逐渐生成着的东西。在我们所探讨的这个时期的自然科学家看来，它却是某种僵化的东西、某种不变的东西，而在他们中的大多数人看来，则是某种一下子就造成的东西"。② 而对于被称作"文艺复兴"的时代，恩格斯则称之为"这是人类从来没有经历过的一次最伟大的、进步的变革，是一个需要巨人而且产生了巨人——在思维能力、激情和性格方面，在多才多艺和学识渊博方面的巨人的时代。"③

美国出版的"导师哲学家丛刊"对欧洲中世纪以来的各个世纪的特征的概括，比较鲜明地显示了这些世纪

---

① 《马克思恩格斯选集》第 4 卷，人民出版社 1995 年版，第 271 页。
② 《马克思恩格斯选集》第 4 卷，人民出版社 1995 年版，第 265 页。
③ 同上，第 261—262 页。

的不同的时代精神，以及这些时代精神中所蕴含的科学精神。这套丛刊把欧洲中世纪称作"信仰的时代"，这正是哲学和科学成为宗教的"婢女"的时代；它把文艺复兴时期称作"冒险的时代"，这正是恩格斯所说的"需要巨人而且产生了巨人"的时代，是科学的求真求实精神在近代重新开启的时代；它把17世纪称作"理性的时代"，这正是近代实验科学兴起、科学理性逐渐扩展和深化的时代；它把18世纪称作"启蒙的时代"，这正是逐渐盛行的崇尚理性力量的时代；它把19世纪称作"思想体系的时代"，这正是恩格斯所说的由"搜集材料"的科学转向"整理材料"的科学，也就是建立各门科学的概念发展体系的时代；它把20世纪称作"分析的时代"，这正是在现代科学既高度分化又高度整体化的背景下，科学迅猛发展和自我反思的时代。

卡西尔曾提出，"理性"是标志近代以来的时代精神的核心概念，但它在近代以来的几个世纪中发生了深刻的变化。他认为，在17世纪，理性是"永恒真理"的王国，它试图从某种直觉地把握到了的最高的确定性出发，然后以演绎的方式将可能的知识的整个链条加以延长；18 世纪则摒弃了这种演绎和证明的方法，"按照当时的自然科学的榜样和模式树立了自己的理想"，不是把理性看作知识、原理和真理的容器，而是把理性看成是一种"引导我们去发现真理、建立真理和确定真理的独创性的理智力量。"①

这里，我们以著名的科学家、哲学家培根和笛卡儿为例来体会时代的科学精神。

弗兰西斯·培根作为近代实验科学和近代唯物论的奠基人，他的思想集中地表达和引导了近代科学的"实验"精神。在培根看来，"为了获得真正的而又富有成果的知识，需要做到两件事情，即摆脱成见和采取正确的探索方法"。关于第一个要求，培根坚持认为，一切科学知识都必须"从不带偏见的观察开始"。为此，培根列举了 4 种类型的"成见"或"偏见"，即倾向于只看到和相信所赞同的东西的"种族假相"；由于个人的偏爱所造成的

① 参见恩斯特·卡西尔：《启蒙哲学》，山东人民出版社 1988 年版，第 5、第 11 页。

"洞穴假相";围绕语词和名称的争论而造成的"市场假相";由于采纳特殊的思想体系,特别是忠于特定的哲学或神学体系而造成的"剧场假相"。培根认为,只有消除这些"成见""偏见"或"假相",才能进行真正的科学实验和科学研究。关于第二个要求,即采取正确的探索方法,培根认为,最重要的是把经验主义与理性主义、仔细地观察与正确的推理结合起来。他非常形象地把单纯的经验主义者比作"蚂蚁",把超验的理性主义者比作"蜘蛛",而把探索方法正确的科学家比作"蜜蜂"。培根说,"实验家像蚂蚁:它们只知采集和利用;推理家犹如蜘蛛,用它们自己的物质编织蜘蛛网。但蜜蜂走中间路线:它从花园和田野里的花朵采集原料,但用它自己的力量来变革和处理这原料。"由此我们可以看到,"科学方法必须从系统的观察和实验开始达到普遍性有限的真理,再从这些真理出发,通过渐缓的逐次归纳,达到更为广阔的概括"①,这就是弗兰西斯·培根所表达和引

---

① 沃尔夫:《十六、十七世纪科学、技术和哲学史》,商务印书馆1985年版,第710—712页。

导的时代的科学精神。

与培根同时代的勒内·笛卡儿认为，数学应当成为其他学科的楷模。他特别注重数学的方法，认为数学的独特优点在于从最简单的观念开始，然后从它们出发进行谨慎的推理。在笛卡儿看来，既然一切自然知识的首要问题是发现最简单的和最可靠的观念或原理，那么，哲学思考就应当从寻求知识的可靠的出发点入手，通过对一切可能加以怀疑的事物提出疑问，最终找到那种可以作为知识的出发点的不受任何怀疑的东西。作为这种寻求的结果，笛卡儿发现，无可置疑的东西就是怀疑本身，即怀疑本身是不可怀疑的。而怀疑则意味着思维和思维者，所以笛卡儿提出的著名哲学命题是"我思故我在"。笛卡儿的这种"怀疑"精神，正是表达和引导了他所处的时代的科学精神——先自我而后上帝、先理解而后信仰的理性精神。

与人们从总体上把近代以来的科学精神称之为"理性"精神相呼应，人们常常在多元的理解中来概括现代的科学精神。有的把 20 世纪称作"分析的时代"（如美国哲学家莫尔顿·怀特），有的把 20 世纪称作"综合的时代"（如美国未来学家阿尔温·托夫勒），有的把 20 世纪称作"相对主义的时代"（如美国哲学家 J. 宾克莱），如此等等。

对于 20 世纪的科学，我国学者曾做过这样的总体性概括："从 19 世纪末至今，现代科学九十余年的进程大体可分为三个阶段。前三十年为物理学革命阶段。其主要标志是 X 射线、放射现象和电子等物理学三大新发现，量子假说的提出和爱因斯坦相对论的建立。它不仅把人类科学视野由低速、宏观领域推进到高速、微观领域，而且意味着对所有学科的理论基础、方法论原则进行了一次时代性洗礼，萌动着科学研究模式的变革。20 世纪 20 年代末到 50 年代初是现代基础自然科学普遍深入发展时代。其标志是量子力学的确立和核物理学的长足发展。量子力学确立的新的理论秩序和科学思维模式，为整个科学尤其是为原子核物理学、粒子物理学、固体物理学、量子电子学、物理化学、生物学、天文学、宇宙学等基础学科的崛起开拓了广阔的前景。从 20 世纪 50 年代始，现代科学进入了综合发展时期。其主要标志是以生物工程、微电子技术、新材料工艺为三大基干的知识工程部门，和以信息论、控制论及系统论为核心的方法论学科的兴起。物理学革命的冲击，基础自然科学纵横两方面的高速发展，使科学在高度分化的基础上，形成了一个高度综合、浑然一体的网络结构。当代新兴科学的高涨——新的科学技术革命，正是这三个阶段科学运动的直接产物。"①

我国有关部门在 1999 年 12 月进行了一次关于"20世纪影响人类生活的 20 大科技发明"的民众调查，结果是电脑位居"世纪发明"之首，其余各项依次为人造地球卫星、核能、因特网、电视机、激光、飞机、汽车、基因工程、无线电、光导纤维、航天飞机、雷达、克隆、避孕药、胰岛素、机器人、硅片、塑料和超导体。20 世纪的技术发明深刻地改变了人类的生活方式，从而也使科学精神成为 20 世纪的时代精神。

----

① 李晓明、冯平：《科学的进步与认识论的发展》，《哲学研究》1986 年第 10 期，第 7 页。

当代科学技术的最显著的特点，是它的发展呈指数增长的趋势。20 世纪 60 年代以来人类所取得的科技成果的数量，比过去的 2000 余年的总和还要多。有人认为，截至 1980 年，人类社会获得的科学知识的 90% 是第二次世界大战后 30 余年间获得的。人类的科技知识，19 世纪是每 50 年增加 1 倍，20 世纪中叶是每 10 年增加 1 倍，当前则是每 3 年至 5 年增加 1 倍。超级计算机最快运用速度已达 320 亿次/秒。人们现又开始研制光学计算机。它的信息处理速度将比电子信息处理速度快 1000 倍，甚至有人预测快 1 万倍。①

在当代科学技术的发展呈指数增长的过程中，科学的分支化与整体化同步展开。研究的完整性，研究对象的多学科性，学科的多对象性，科学研究的信息化，成为当代科学研究的认识论特征。与此相适应，"当代科学技术发展形成的思维方式的特点是：从绝对走向相对，从单义性走向多义性，从精确走向模糊，从因果性走向偶

---

① 宋健主编：《现代科学技术基础知识》，科学出版社和中共中央党校出版社 1994 年版，第 40 页。

然性，从确定走向不确定，从可逆性走向不可逆性，从分析方法走向系统方法，从定域论走向场论，从时空分离走向时空统一。"①

当代科学的认识论特征，以及与此相适应的思维方式的变革，意味着当代的科学精神发生了重大变化，从而也意味着由这种科学精神所表征的时代精神发生了深刻的变化。当代的科学精神，虽然蕴含着一般的求真精神、求实精神、批判精神和创造精神，但它更明显地具有"从绝对走向相对""从单义性走向多义性"的宽容精神，即真正的激励批判与创造的精神，它也更明显地具有"从精确走向模糊""从确定走向不确定""从分析方法走向系统方法"的历史意识，这深刻地体现了人类的理论思维的时代性特征，体现了人类意识的超越性在当代的结晶。

六、哲学：有限世界的超越

"明月几时有，把酒问青天。不知天上宫阙，今夕是

① 宋健主编：《现代科学技术基础知识》，科学出版社和中共中央党校出版社 1994 年版，第 48 页。

何年。"人类面对千差万别、千变万化、无边无际、无始无终的茫茫宇宙，又面对有生有死、有爱有恨、有聚有散、有得有失的有限人生，总会驰骋自己的探索宇宙、人生奥秘的智慧，以自己的意识的超越性去超越自己所理解的有限的世界。

"横看成岭侧成峰，远近高低各不同，不识庐山真面目，只缘身在此山中。"人生活于有限的世界，又企图跳到这有限的世界之外去"观"世界，以便弄清楚"天上的太阳"与"水中的月亮"到底"谁亮"，"山上的大树"与"山下的小树"究竟"谁大"，"心中的恋人"与"身外的世界"哪个"更重要"。人的意识总是试图超越有限的世界而对它作出"深层"的解释。

"前不见古人，后不见来者。念天地之悠悠，独怆然而涕下！"人类俯仰古今而觉时间之无限，环顾天地而觉空间之永恒，回顾自身而觉人之立于两间的万千感慨！人的意识总是试图超越"哀吾生之须臾，羡长江之无穷"的困惑与迷惘，以自己的超越性为人生寻求"安身立命之本"。

"爱智"的哲学，就是一种驰骋人类智慧、探究宇宙奥秘的渴望，就是一种求索人生意义和追求理想生活的渴望，就是一种超越有限对永恒的无奈、实现"天人合一"的渴望。人类意识的超越性，以哲学的方式迸发出无比瑰丽的光彩。

人类意识的终极指向性

人类意识总是渴求在最深刻的层次上解释世界的一切现象，因而总是指向对确定性、简单性、必然性、规律性和统一性的寻求，也就是对"终极存在"的寻求。众所周知，化学寻求基本元素，物理学寻求基本粒子，生物学寻求遗传基因，这不正是对"终极存在"的关怀吗？自然科学、社会科学、思维科学和数学都要寻求"基本原理"，这不正是对"终极解释"的关怀吗？就全部科学的直接指向性而言，不都是企图以某种终极存在为基础而对自己的研究对象作出统一性的终极解释吗？有谁否认科学对"终极存在"和"终极解释"的这种"关怀"或"追求"呢？

恩格斯说，人的思维是"至上"与"非至上"的辩证统一，"按它的本性、使命、可能和历史的终极目的来说，是至上的和无限的；按它的个别实现情况和每次的现实来说，又是不至上的和有限的。"① 人类意识对"终极存在"和"终极解释"的追求正是植根于人类思维的"本性、使命、可能和历史的终极目的"，即植根于人类思维的"至上"性。对此，当代美国哲学家 M．W．瓦托夫斯基也指出，"不管是古典形式和现代形式的形而上学思想的推动力都是企图把各种事物综合成一个整体，提供出一种统一的图景或框架，在其中我们经验中的各式各样的事物能够在某些普遍原理的基础上得到解释，或可以被解释为某种普遍本质或过程的各种表现。"② 而这种寻求"本体"的形而上学渴望之所以是不可"拒绝"的，是因为人类"存在一种系统感和对于我们思维的明晰性和统一性的要求——它们进入我们思维活动的根基，并完全可能进入到更深处——它们导源于我们所属的这个物种和我们赖以生存的这个世界。"③

人类意识寻求作为世界统一性的"终极存在"和作为知识统一性的"终极解释"，并不是超然于人类历史活动之外的玄思和遐想，而是企图通过对"终极存在"的

---

① 《马克思恩格斯选集》第 3 卷，人民出版社 1995 年版，第 427 页。
② 瓦托夫斯基：《科学思想的概念基础》，求实出版社 1982 年版，第 14 页。
③ 同上，第 13 页。

确认和对"终极解释"的占有，来奠定人类自身在世界中的安身立命之本，即人类存在的最高支撑点。人类对终极存在和终极解释的关怀，植根于对人类自身终极价值的关怀。

"自然是人的法则""人是万物的尺度""上帝是最高的裁判者""理性是宇宙的立法者""科学是推动宇宙的支点""人的根本就是人本身"，这些表达特定时代精神的根本性的哲学命题，就是哲学本体论历史地提供给人类的安身立命之本或最高的支撑点。它们历史地构成人类用以判断、说明、评价和规范自己的全部思想和行为的根据、标准和尺度，即作为意义统一性的终极价值。

人类意识对"终极存在""终极解释"和"终极价值"的寻求，表现为哲学的"本体论"式的"终极关怀"。对于这种哲学的"终极关怀"，我们可以从人类意识的超越性出发，作出这样的解释：追寻作为世界统一性的终极存在，这是人类实践和人类思维作为对象化活动所无法逃避的终极指向性，这种终极指向性促使人类百折不挠地求索世界的奥秘，不断地更新人类的世界图景和思维方式；追寻作为知识统一性的终极解释，这是人类思维在对终极存在的反思性思考中所构成的终极指向性，对终极解释的关怀就是对思维规律能否与存在规律相统一的关怀，也就是对人类理性的关怀，这种关怀促使人类不断地反思"思维和存在的关系问题"，引导人类进入更深层次的哲学思考；追寻作为意义统一性的终极价值，这是人类思维反观人自身的存在所构成的终极指向性，对终极价值的关怀就是对人与世界、人与人、人与自我的关怀，这种关怀促使人类不断地反思自己的全部思想与行为，并寻求评价和规范自己的标准和尺度。

思想自我超越的反思方式

寻求"终极存在""终极解释"和"终极价值"的哲学，它的"终极关怀"是以思想的自我反思的方式实现的。

"反思"，是思想以自身为对象反过来而思之。显然，"反思"的对象就是"思想"。

"思想"，是关于思想对象的思想；没有思想的对象，就不会有"思想"。这正如马克思所说，"意识在任何时候都只能是被意识到了的存在"①，"观念的东西不外是移

___

① 《马克思恩格斯选集》第 1 卷，人民出版社 1995 年版，第 72 页。

入人的头脑并在人的头脑中改造过的物质的东西而已。"①因此，在关于"反思"的对象的思考中，我们就不能局限于对"反思"与"思想"二者关系的思考，而必须是扩展为对"反思""思想"和"思想对象"三者关系的思考。从这三者关系中，我们既会看到"反思"对象的普遍性，又会懂得"反思"对象的特殊性，从而在"反思"对象的普遍性与特殊性的统一中，深化对"反思"的哲学思维的理解。

首先，我们分析"思想"与"思想对象"的关系。人以"思想"的方式去把握对象，从而构成关于经验对象的各种规定性的思想，这就是人的"构成思想"的思想维度。在"构成思想"的思想维度中，作为思想对象的"存在"，不仅是指"物质性"的存在，而且是指"精神性"的存在和"文化性"的存在。如果借用英国科学哲学家卡尔·波普的"三个世界"来表述作为思想对象的"存在"，那么，这里的"存在"主要包括三方面：（1）所谓"物理自然世界"，即客观物质世界；（2）所谓"人的意识世界"，即主观精神世界；（3）所谓

---

① 《马克思恩格斯选集》第 2 卷，人民出版社 1995 年版，第 112 页。

"客观知识世界",即语言文化世界。实际上,作为"思想"对象的"存在",就是构成思想对象的全部的存在。

与"构成思想"的思想维度不同,哲学反思的直接对象是"思想",而不是思想的对象。如果反思的对象仍然是作为思想对象的"存在",那么,这仍然是"构成思想"的思想维度,它所形成的也仍然是关于世界的思想。正因为"反思"的对象是"思想",而不是思想的对象,因此,"反思"才把"思想"作为"对象"反过来而思之。就是说,在人类思想的反思维度中,不是具体地实现思维与存在之间的统一,从而构成关于"存在"的某种"思想";恰恰相反,人类思想的反思维度,是揭露思维与存在之间的矛盾,对各种关于"存在"的"思想"进行反省和批判。正因为"思想"的"对象"是构成思想的全部"存在","思想"本身是无限丰富、复杂的,所以,反思的对象是无限开阔的,古往今来的各种哲学从未停息对"思想"的"反思",当代哲学则愈来愈强烈地感受到"反思"的任重道远。

"思想",是关于"世界"的思想,人们正是在"思想"中才能达到对"世界"的把握、理解和解释;"反思"，是对"思想"的反思，关于"世界"的全部"思想"都是哲学"反思"的对象。

哲学确认自己的"反思"的思维方式，并确认"思想"为反思的对象，经历了漫长的过程：在古代，"哲学"曾经充当包罗万象的"知识总汇"，也就是关于"世界"的全部"思想"；在近代，"哲学"曾经充当凌驾于科学之上的"科学的科学"即"全部知识的基础"，也就是关于"世界"的最具普遍性的"思想"；只有当"科学"能够提供关于"世界"的各种"思想"的时候，"思想"才真正成为"反思"的对象，哲学才能够以自己的反思方式而实现思想的自我超越。哲学从充当关于"整个世界"的"思想"，到只是以"思想"为"反思"的对象，这是一个哲学被科学"驱逐"出自己的"世袭领地"的过程，也就是一个越来越"无家可归"的过程；然而，哲学却正是在"无家可归"的过程中，才越来越确认了自己的真正的"家"，这就是以"思想"为对象反过来思之；正是由于"思想"是关于世界的"思想"，"思想"的对象是"整个世界"，所以，以"思想"为对象的"哲学"，又从"无家可归"变成了真正的"四海为家"。

人类思想的反思活动，是"对思想的思想""对认识的认识"，也就是以"思想"为对象地再思想、再认识的特殊维度的思想活动。由此便决定了反思活动的"超验性""批判性""综合性"和"前提性"的基本特性。

所谓"超验性"，就是反思活动的超越经验的性质。反思是以"思想"为对象的思维活动。"思想"本身已经是源于经验而又超越经验的理性认识，对思想的思想，就既不是黑格尔所批判地沉浸于经验内容之中的"表象思维"，也不是黑格尔所批评的超然于经验内容之外的"形式思维"，而是超越于经验之上的关于经验内容的思考。这是反思的超验的特性。

反思的超验性具有二重含义。其一是说反思的超越经验的性质，就是说，反思不是直接地关于经验对象的思考，反思的直接对象是关于经验对象的"思想"。正因如此，反思需要自己的超越经验科学的特殊方式和特殊方法，也就是需要反思的主体经过较为系统的反思的训练和培养。反思的超验性的另一重含义，是指哲学的反思是"超越经验"，而不是"脱离经验"，即哲学的反思并不是脱离经验内容的玄思和遐想。自近代以来的哲学，逐步地形成了一种关于思想内容的逻辑即"内涵逻辑"，它构成了哲学反思的对象。因此，黑格尔在论述哲学的反思时，总是强烈地批判那种"以脱离内容为骄傲"的"形式思维"。

既超越于经验内容之上，又反观于经验内容之中，这就是哲学反思对"经验"的二重性内含。反思的这种"超验性"，决定了它既要以"批判性"的方式对"思想"进行再思想，又要以"综合性"的方式去实现对"思想"的批判。由此便构成了哲学反思的批判性和综合性。

所谓哲学反思的"批判性"，是指哲学反思对"思想"的否定性的思考方式，或者说，把"思想"作为"问题"予以追究和审讯的思考方式。从一定的意义上说，批判性是反思的最本质的特性。

"批判"是人类特有的活动方式，它包括观念形态的精神批判活动和物质形态的实践批判活动这两大批判形态或批判方式。在人类的现实的历史发展过程中，否定世界的现存状态而把世界变成人所要求的现实的实践批判活动，它既是精神批判活动的现实基础，又以精神批判活动为前提。这是因为，在观念上否定世界的现存状态、并在观念中构建人所要求的现实的精神批判活动，既为实践活动提供改变世界的理想性图景，又为实践活动提供满足人的需要的目的性要求。哲学的反思活动是一种观念形态的精神批判活动，它直接地表现为对"思想"的批判过程。这主要是表现为揭示思想（使含混的思想得以澄明）、辨析思想（使混杂的思想得以分类）、鉴别思想（使混淆的思想得以阐释）和选择思想（使有用的思想得以凸现）的过程。

哲学反思对思想的揭示、辨析、鉴别和选择，并不是通常所理解的以某种确认的思想去代替其他的思想；恰恰相反，在哲学的反思中，所有的思想都是反思的批判对象。哲学批判所要实现的，是整个思想的逻辑层次的跃迁，也就是实现人类的思维方式、价值观念、审美意识和终极关怀的变革。关于哲学反思的批判性，马克思提出，"批判的武器当然不能代替武器的批判，物质力量只能用物质力量来摧毁；但是理论一经掌握群众，也会变成物质力量。理论只要说服人，就能掌握群众；而理论只要彻底，就能说服人。"① 哲学反思作为"批判的武器"，它以自身的巨大的逻辑征服力去撞击人们的理论思维，从而使人们敞开思想自我批判和思想自我超越的空间，形成更为合理的理想性图景和目的性要求，从而以实践批判的方式使世界变成更加理想的世界。

所谓哲学反思的"综合性"，是指哲学的批判性反思是通过各种思想的相互撞击和"对话"而实现的。没有广博深厚的"思想"，就没有哲学的"反思"；没有各种各样的"思想"的相互撞击，也无法实现哲学的批判。

哲学反思的综合性，源于对人类把握世界各方式的超越性综合。人类以科学的方式探索世界之真（为何如此），以伦理的方式反省世界之善（应当怎样），以艺术的方式体验世界之美（是与应当的融合），以宗教的方式追寻世界之永恒（超自然的或彼岸的真善美的存在），以实践的方式让世界满足自己的需要（把世界变成对人来说是真善美相统一的现实）。科学、伦理、艺术、宗教和实践，它们作为人类把握世界的基本方式，在人类自身的历史发展中是相互渗透、相互融合的，而不是孤立自

---

① 《马克思恩格斯选集》第 1 卷，人民出版社 1995 年版，第 9 页。

在、彼此绝缘的。知、情、意融汇一体，真、善、美相互依存。因此，人类不仅追求"天人合一"的真，"知行合一"的善，"情景合一"的美，而且始终追求真善美的统一，渴望达到对人的存在方式的统一性把握，从而为人类的全部思想和行为提供自己时代水平的最高的支撑点，即人类的安身立命之本。哲学，它作为人类把握世界的一种基本方式，其独立存在的根据和价值，就在于它是对其他方式的超越性综合。

所谓哲学反思的"前提性"，是指哲学的反思是对思想的各种"前提"的批判，而不是一般所理解地对思想的"内容"的批判。哲学反思的前提性，既构成了哲学反思的真实对象，又决定了哲学批判的真实意义。理解哲学反思的前提性，是掌握哲学的反思的思维方式的根本性要求。

哲学的批判性反思，总是对反思对象的批判；没有作为反思对象的"思想"，也就没有作为反思活动的批判。然而，值得我们深长思之的是：反思的对象不只是作为思想内容的思想，而且包括构成思想的根据。这种构成思想的根据，是思想得以形成的前提。它是哲学反思的真实对象，因而哲学的反思具有"前提批判的性质"。

在哲学的意义上，思想的前提是构成思想的根据，推演思想的支点，评价思想的尺度和检验思想的标准。对思想的前提批判，也就是对思想的根据、支点、尺度和标准的批判。这种"前提批判"的出发点和归宿，是实现思想的逻辑层次的跃迁。这表明，哲学的反思是反思的特定层次——前提批判的反思活动。

任何思想，不管是常识思想还是宗教思想，不管是艺术思想还是科学思想，都隐含着构成其具体内容、从而也是超越其具体内容的根据和原则。这些根据和原则，是思想构成其自身的一只"看不见的手"。它以文化传统、思维模式、价值尺度、审美标准、行为准则、终极关怀等形式而构成思想的立足点和出发点。这种思想的立足点和出发点，作为思想构成自己的逻辑前提而隐含在思想构成自己的过程和结果中，并对思想构成其自身的进程与结果发挥逻辑的强制性力量——由既定的思想逻辑支点出发而形成特定的思想。因此，要变革思想，就必须变革构成思想的逻辑支点。这就要求人们必须从思想自我反思的第一个层次——思想内容的反思，跃迁到思想自我反思的第二个层次——对思想构成自己的根据和原则的反思，也就是对思想前提的反思。这就是哲学的前提批判。

思想的前提，就是思想构成自己的根据和原则，也就是思想构成自己的逻辑支点。人的任何思想，都蕴含着构成自己的前提；对思想的前提批判，就是思想的逻辑层次的跃迁。

思想前提，它作为构成思想的根据和原则，是思想中的"一只看不见的手"，也是思想构成自己的"幕后的操纵者"。比如，在一般的思维过程中，我们总是按照形式逻辑的三段论的方式去思考问题，并且不自觉地遵守着形式推理的各种规则。这些形式推理的规则，在我们构成思想的进程和结果中，只是"默默地奉献"，深深地隐匿在思想活动之中。还应看到的是，在我们的思想活动中，并不仅仅是不自觉地遵循着思维运动的规律与规则，而且"隐匿"着更多的"幕后操纵者"。比如文化传统，这就像《我的中国心》里唱的，"洋装虽然穿在身，我心依然是中国心"。文化传统无条件地烙印在人们的思想之中，并以不自觉的方式规范着人们的所思所想和所作所为。同样，人们的思维模式、价值观念、审美意识、终极关怀等等，都以不自觉的和无条件的方式而规范着人们的思想内容和行为内容。

思想构成自己的根据和原则虽然深深地"隐匿"在思想的过程与结果之中，但它作为思想中的"看不见的手"和"幕后的操纵者"，却直接地规范着人们想什么和不想什么、怎么想和不怎么想、做什么和不做什么、怎么做和不怎么做。这就是思想前提对构成思想的"强制性"。比如，在"常识"范围内，我们必须遵循"经验"的方式去构成思想，任何"超验"的思考，都是对"常识"的"挑战"。同样，在各种特定的理论框架中，我们必须以这些理论框架提供的基本原则为思想的前提，并依据这些思想前提去形成思想。在平面几何的论域内，我们必须（而且只能）是从三角形三内角之和等于180°出发去思考三角形问题，而不能（不允许）从其他思想前提去构成思想。这就是思想前提对构成思想的逻辑强制性。

思想前提的"隐匿性"和"强制性"，构成了哲学反思的必要性。这就是，只有通过哲学反思，才能超越对思想内容的反思，而达到对构成思想的前提的反思；也只有通过对构成思想的前提的哲学反思，才能揭示出"隐匿"在思想的过程和结果中的"前提"，并以哲学批判的方式去解除这些思想前提的"逻辑强制性"，从而使人们解放思想，创立新的思想。在人类的全部意识活动中，还有比揭示、反思、批判思想的前提更为深刻的意识形态吗？哲学这种文化形式，最为深刻地展现了人类意识的超越性——意识的自我超越。

哲学对思想前提的反思，不仅是由于人类思想的发展需要不断地揭示隐匿于思想之中的前提，并不断地"解除"这些思想前提的"逻辑强制性"，而且是因为，思想前提自身所具有的"可选择性"和"可批判性"，为哲学的前提批判提供了现实的可能性。

哲学对思想的前提批判，首先是因为任何思想的前提或思想的任何前提都具有"可选择性"。这就是说，思想的前提具有二重性：一方面，它在构成思想的特定过程和特定结果中，它是确定的，不可变易的，因而它的逻辑强制性是合理的；另一方面，它在思想的历史发展过程中，它在纷繁复杂和多种多样的思想领域中，它又是不确定的，可以变易的，因而它的逻辑强制性又是应当和可以解除的。

哲学对思想的前提批判，还因为任何思想的前提或思想的任何前提都具有"可批判性"。这就是说，我们在对任何思想的反思中，都不仅可以反思思想的内容，而且能够反思思想的前提。思想的前提在思想的过程和结果中是"隐匿"的，但人们却可以通过哲学的反思去揭示这些隐匿的前提，对这些前提进行"分析"或"解释"，使它们以文化传统、思维模式、价值尺度、审美标准和终极关怀等方式而成为哲学批判的对象。

在人的思想的过程和结果中，思想前提是"无处不在"和"无时不有"的。这种思想前提的"普遍性"，既构成了哲学对思想的前提批判的必要性（任何思想都"隐匿"着需要揭示和批判的"前提"），又构成了哲学对思想的前提批判的可能性（从任何思想中都能够揭示出予以批判的"前提"）。以"思想"为对象的哲学之所以能够"四海为家"，从根本上说，就在于思想的"前提"具有普遍性。

思想前提的普遍性，首先表现在任何思想都有构成其自身的根据。具体地说，任何思想的自我构成，都是以某种"世界观""认识论"和"方法论"为前提的。这就是说，人们在构成具体的思想之前，总有某种关于世界的整体图景，总有某些构成思想的方法，总有某些对思想进行解释和评价的解释原则和评价标准。

思想前提的普遍性，又表现在思想的过程总要遵循思维的规则和运用思维的方法。这些思维的规则和方法正是思想构成自己的重要前提。学习形式逻辑，是要求人们自觉地掌握和运用思维的规则去构成思想和交流思想。思想的前提批判则是要求对构成思想的思维规则和思想方法进行哲学反思。以社会实践为基础的人类认识具有生理的、心理的、语言的、逻辑的、经验的、情感的、意志的、文化的多质性及其错综复杂的矛盾关系。人类在其前进的发展过程中，又不断地生成多方面的、方面的数目永远增加着的各式各样的认识成分，从而构成思维与存在之间的日益丰富的矛盾关系，并实现思维与存在的辩证的、历史的、具体的统一。揭示和批判地考察这些认识成分、认识环节和认识方法等，是哲学的前提批判的重要内容。

思想前提的普遍性，还表现在思想的构成总要以人类把握世界的基本方式为前提。这就是说，任何思想的构成，都是通过常识的、神话的、宗教的、伦理的、艺术的、科学的或哲学的方式构成的；没有把握世界的某种特定方式，也就没有某种特定的关于世界的思想。问题在于，人类把握世界的各种基本方式，都不是凝固的和僵死的，而是在人类的前进的发展中历史的变化。哲学的前提批判，就是揭示思想在自我构成中，究竟是以怎样的方式为前提。通过这样的哲学前提批判，就会变革和更新人类把握世界的基本方式，从而实现思想的逻辑层次的跃迁。

思想前提的普遍性，最深层地表现为"理论思维的前提"。恩格斯曾经强调地指出，在人的全部思想中，隐含着一个最普遍的、"不自觉的"和"无条件的"前提，这就是思维与存在的统一性。恩格斯说："我们的主观的思维和客观的世界服从于同样的规律，因而两者在自己的结果中不能互相矛盾，而必须彼此一致，这个事实绝对地统治着我们的整个理论思维。它是我们的理论思维的不自觉的和无条件的前提。"① 人类思想的哲学维度，就在于它不像各门具体科学和人类把握世界的其他方式那样，把理论思维的"前提"当作毋庸置疑的出发点，去实现思维和存在的某种形式的统一，而是把理论思维的这个"不自觉的和无条件的前提"作为考察的对象，去反思"思维和存在的关系问题"。因此，只有理解哲学对理论思维的前提批判，才能把握哲学的反思的思维方式，自觉地实现思想的自我超越。

时代精神的理论表征

任何一种哲学理论，都凝聚着哲学家所捕捉到的该时代人类对人与世界相互关系的自我意识，都贯穿着哲学家用以说明人与世界相互关系的独特的解释原则和概念框架，都熔铸着哲学家用以观照人与世界相互关系的价值观念、审美意识和终极关怀。因此，任何一种真正的哲学理论，都是黑格尔所说的"思想中所把握到的时代"，都是马克思所说的"时代精神的精华"。

"时代精神"，是同各个时代的人们对生活意义的理解密不可分的；或者也可以说，"时代精神"是一种普遍

---

① 《马克思恩格斯选集》第 4 卷，人民出版社 1995 年版，第 364 页。

的关于生活意义的"自我意识"。这种"自我意识"一般是以三种基本方式存在：（1）人类把握世界的各种方式所创造的具有时代内涵的生活世界的"意义"，其中主要是该时代的科学精神、艺术精神、伦理精神等；（2）该时代的普遍性的、倾向性的"意义"的个体自我意识，即该时代占主流的关于"意义"的个体自我意识，如普遍的社会心理等等；（3）该时代的理论形态的关于"意义"的社会自我意识，即关于时代"意义"的哲学理论。

每个时代的哲学精神，当然是该时代的"时代精神"；但是，作为一种"时代精神"的"哲学精神"，却不仅是一种"时代精神"，而且是"时代精神"的"精华"。这是因为：其一，每个时代的哲学精神，既是"聚焦"人类把握世界的各种方式所创造的具有时代内涵的生活世界的"意义"的"普照光"，又是对该时代的普遍性的、倾向性的"意义"的个体自我意识的理论升华。这就是说，在"时代精神"的三种基本的存在方式中，作为"意义"的社会自我意识，哲学最为集中地、最为深刻地、最为强烈地表现了每个时代的时代精神，因而成为"时代精神的精华"。其二，哲学作为人类的反思的思维方式，它以"社会的自我意识"的理论形态，批判性地反思"时代精神"，创造性地塑造和引导"时代精神"，因而成为"时代精神的精华"。

西方学者曾经以哲学所表征的时代精神为依据，把西方的历史划分为"信仰的时代"（中世纪）、"冒险的时代"（文艺复兴时期）、"理性的时代"（17 世纪）、"启蒙的时代"（18 世纪）、"思想体系的时代"（19 世纪）和"分析的时代"（20 世纪）。欧洲的中世纪，哲学和科学都成为神学的"婢女"，哲学正是以其对上帝的论证而表征着"信仰的时代"的时代精神。欧洲的文艺复兴时期，如同恩格斯所说，是一个"需要巨人而且产生了巨人"的时代，是一个开启资本主义市场经济的"冒险的时代"。而欧洲的 17 世纪，正是近代实验科学兴起，科学理性精神扩展和深化的时代。

近代以来的时代精神，无论是文艺复兴时期的"冒险"精神，还是 17 世纪的"理性"精神和 18 世纪的"启蒙"精神——都集中地表达和塑造了以"理性"为核心时代的科学精神。这种时代的科学精神，就是弘扬人的理性权威，确立人的主体地位，发挥人的主观能动作用。

20世纪的西方哲学，实现了人们通常所说的"语言转向"。如果对比近代哲学的"认识论转向"和现代哲学的"语言转向"，对比近代哲学所"转向"的"观念"和现代哲学所"转向"的"语言"，我们会深切地体会到20世纪哲学所表征的新的时代精神。

从哲学形态上看，"观念"与"语言"何者成为人的存在方式的理论表征，是表现了人的存在方式的划时代性的变革："观念"体现的是个体理性把握世界的英雄主义时代，"语言"则体现的是社会理性把握世界的英雄主义时代的隐退。这是因为，以公共性的"语言"表征人的存在方式，意味着社会理性的普遍化，它代替了"观念"所表征的某些"英雄人物"对理性的垄断与统治。

"观念"体现的是个人私德维系社会的精英社会，"语言"则体现的是社会公德维系社会的公民社会。这是因为，历史性和公共性的"语言"表征的人的存在方式，意味着社会公德的普及化，它代替了以"观念"所表征的某些"精英人物"的私德的表率作用。

"观念"体现的是个体的审美愉悦的精英文化，"语言"则体现的是社会的审美共享的大众文化。这是因为，"语言"所表征的人的存在方式，是主体间开放性的普遍化和多样性，它代替了以"观念"所表征的某些"精英文化"的文化垄断。

"观念"体现的是交往的私人性的封闭社会，"语言"体现的则是交往的世界性的开放社会。这是因为，"语言"所表征的人的存在方式，是主体间的开放性的广泛交流与沟通，它代替了以"观念"所表征的狭隘的交流空间。

"观念"体现的是主体占有文化的教育的有限性，"语言"体现的则是文化占有主体的教育的普及性。这是因为，"语言"所表征的人的存在方式，是人被历史文化的"水库"所占有，而这种"占有"的前提则是教育的普及，它代替了以"观念"所表征的有限的教育及其对主体的占有。

"观念"体现的是客体给予意义的对"思想的客观性"的寻求，"语言"则体现的是主体创造意义的对"人的世界的丰富性"的寻求。这深刻地表现了近代哲学与现代哲学的重大区别。在"观念论"中，"意义"是客体给予主体的，因此近代的观念论的根本问题是寻求"思想的客观性"。在"语言转向"中，"意义"离不开主体的创造活动，因此现代哲学诉诸人的存在方式及其所创造的人与世界之间的丰富关系。

"观念"体现的是"人类征服自然"的"实践意志的扩张"，"语言"则体现的是"人与自然的和谐"的"实践意志的反省"。近代哲学的"观念论"，它的突出特征是张扬人的理性的能动性，表现了人类征服自然的欲望与能力。"语言"所表征的人的存在方式，则是以对语言的批判性反思而反省人与世界的关系、反省人类实践的结果，从而促进人类的新的世界观的形成。

示范一种生活态度

反思的哲学不仅仅是人类思想的自我批判的维度，也不仅仅是时代精神的理论表征，而且还是一种示范理想主义的生活态度。这种哲学的生活态度把人类意识的超越性实现为人类的生活活动。

哲学是一种学养，是一种"以学术培养品格""以真理指导行为"的努力。在追本溯源、寻根究底的哲学探索中，人们会形成一种坚韧不拔的理想性追求。人类的"哲学"，植根于人类的实践活动和理论思维的无限的指向性。它永远是以理想性的追求去反观现实的存在，永远是以"历史的大尺度"去反省历史的进程，永远是以人类对真善美的渴求去反思人类的现实。哲学，它使人由眼前而注重于长远，由"小我"而注重于"大我"，由现实而注重于理想，从而使人从琐屑细小的事物中解放出来，从蝇营狗苟的计较中解放出来。黑格尔说，"哲学所要反对的"，首要的就是"精神沉陷在日常急迫的兴趣""太忙碌于现实""太驰骛于外界。"[1] 在当代，如果人们像马尔库塞所说的那样，丢掉内心中的否定性、批判性和超越性的向度，成为所谓的"单向度的人"[2]，"哲学"就会变成"往昔时代旧理想的隐退了的光辉"（宾克莱语）。哲学是赋予人的生活以目的和意义的世界观。它永远是理想性的。它要求学习哲学的人永葆理想性的追求。

哲学的理想性，首先是要求人具有执着的批判精神。

---

[1] 黑格尔：《小逻辑》，商务印书馆1980年版，第32页、第31页。
[2] 马尔库塞：《单向度的人》，上海译文出版社1989年版。

在哲学中，人们会发现一个奇特而有趣的现象："爱智"的哲学总是"反思"一些"不成问题的问题"，也就是把人们习以为常、不予追究的问题作为"问题"去追究，把人们视为不言而喻、不证自明的问题作为"问题"进行反思。就此而言，"对自明性的分析"，这是哲学智慧的座右铭。

对"自明性"的分析，根源于"熟知而非真知"，因而也就是从"熟知"中去寻求"真知"。例如，人们常常以一种不容争辩的口吻说"艺术是一种创造"。然而，爱智的哲学却要追问：何为"创造"？艺术"创造"了什么？"画家创造不出油彩和画布，音乐家创造不出震颤的乐音结构，诗人创造不出词语，舞蹈家创造不出身体和身体的动态"，为什么把艺术称之为"创造"？我们用什么来评价艺术"创造"的水平？我们又是怎样接受艺术的创造？同样，当人们说"科学发现"或"技术发明"的时候，爱智的哲学又要追问：何谓"发现"和"发明"？科学所"发现"的"规律"不是"客观存在"的吗？"客观存在"的"规律"为什么不是人人都能"发现"？科学是怎样"发现"规律的？

再如，人们常常以"真善美"和"假恶丑"来评论人的思想与行为。对此，爱智的哲学就要追问：何谓"真善美"？何谓"假恶丑"？区分"真善美"与"假恶丑"的标准是什么？这种区分的标准是绝对的还是相对的，是永恒的还是历史的，是客观的还是主观的？"真"与"善"是何关系？"真"与"美"又是何关系？人们普遍承诺的真善美的原则是什么？人们追求真善美的根据是什么？哲学的追问把人们据以形成其结论的"前提"暴露出来，使这些"前提"成为批判性反思的对象，从而使人们意识到"未经审视的生活是无价值的生活"。

"爱智"是批判的智慧、反思的智慧，是追本溯源、究根问底的智慧。在"爱智"的追求与追问中，一切既定的知识和现成的结论都是批判与反思的对象，因而一切的"有知"在批判性的反思中都成了"无知"。歌德说，"人们只是在知识很少的时候才有准确的知识，怀疑会随着知识一道增长。"在一定的意义上说，人们的学习和生活的过程，就是从"有知"发现"无知"，从"熟知"求索"真知"的过程。

"爱智"的哲学，内含着以否定性的思维去对待人类

的现实，提示现实所蕴含的多种可能性；内含着以否定
性的思维去反思各种知识和理论的前提，揭示知识和理
论的前提所蕴含的更深层次的前提；特别是内含着以否
定性的思维去对待哲学家个人所占有的理论，从而实现
理论的变革与创新。

哲学是批判与反思的智慧，而绝不是可以到处套用的
刻板公式和现成结论。恩格斯曾经嘲讽过的所谓"官方
黑格尔学派"，就是这种"诡辩师"的生动写照。恩格斯
说："自从黑格尔逝世之后，把一门科学在其固有的内部
联系中来阐述的尝试，几乎未曾有过。官方的黑格尔学
派从老师的辩证法中只学会搬弄最简单的技巧，拿来到
处应用。而且常常笨拙得可笑。对他们来说，黑格尔的
全部遗产不过是可以用来套在任何论题上的刻板公式，
不过是可以用来在缺乏思想和实证知识的时候及时搪塞
一下的词汇语录。……这些黑格尔主义者懂一点'无'，
却能写'一切'。"① 如此这般地应用"哲学智慧"，怎么
能不是"讲套话""说空话"呢？怎么能不是"诡辩师"
呢？又怎么能掌握和创建哲学的"大智慧"和"大聪

---

① 《马克思恩格斯选集》第 2 卷，人民出版社 1995 年版，第 40 页。

明"呢？

著名哲学家霍克海默提出，"哲学的真正社会功能在于它对流行的东西进行批判"，他还具体地提出，"哲学认为，人的行动和目的绝非盲目的必然性的产物。无论科学概念还是生活方式，无论流行的思维方式还是流行的原则规范，我们都不应盲目接受，更不能不加批判地仿效。哲学反对盲目地抱守传统和在生存的关键性问题上的退缩。哲学已经担负起这样的不愉快任务：把意识的光芒普照到人际关系和行为模式之上，而这些东西已根深蒂固，似乎已成为自然的、不变的、永恒的东西。"①在《思想家》一书中，英国哲学家 I. 伯林提出："如果不对假定的前提进行检验，将它们束之高阁，社会就会陷入僵化，信仰就会变成教条，想象就会变得呆滞，智慧就会陷入贫乏。社会如果躺在无人质疑的教条的温床上睡大觉，就有可能会渐渐烂掉。要激励想象，运用智慧，防止精神生活陷入贫瘠，要使对真理的追求（或者对正义的追求，对自我实现的追求）持之以恒，就必须对假设质疑，向前提挑战，至少应做到足以推动社会前

---

① 麦克斯·霍克海默：《批判理论》，重庆出版社 1989 年版，第 243 页。

进的水平。"① 而马克思则更为简洁精辟地告诉我们，辩证法在它的"合理形式"上，就是"在对现存事物的肯定的理解中同时包含对现存事物的否定的理解，即对现存事物的必然灭亡的理解；辩证法对每一种既成的形式都是从不断的运动中，因而也是从它的暂时性方面去理解；辩证法不崇拜任何东西，按其本质来说，它是批判的和革命的。"② 以革命的、批判的态度去对待生活，这当然是一种永葆理想性追求的生活态度。

哲学的理想性，要求人具有英雄主义精神。人生是人的生命显示自己的尊严、力量和价值的过程。人生需要生命过程中的奋斗与光彩。因此，生活的现实可以不是"英雄主义的时代"，人的生活却不可以失落"英雄主义的精神"。学习哲学，需要英雄主义精神，也能够培养人的英雄主义精神。

英雄主义精神，首先是一种人的尊严。把自己当作人，而不是"千万别把我当人"。有了人的尊严，才能活得堂堂正正，坦坦荡荡。在遭受冷遇的时候，敢于对自

---

① 布莱恩·麦基编：《思想家——当代哲学的创造者们》，三联书店 1987 年版，第 4 页。
② 《马克思恩格斯选集》第 2 卷，人民出版社 1995 年版，第 112 页。

己说："天生我材必有用。"面对可畏的人言，敢于对自己说："吾善养吾浩然之气。"在条件艰苦的时候，敢于对自己说："斯是陋室，惟吾德馨。"在受到委屈的时候，敢于对自己说："莫道前路无知己，天下谁人不识君。"在坎坷的人生之旅中，敢于对自己说："莫怕穿林打叶声，何妨吟啸且徐行，竹杖芒鞋轻胜马，一蓑烟雨任平生。"而在病魔缠身，死神逼近的时候，敢于对自己说："只因平生无愧事，方敢死后对青天。"这就是"贫贱不能移，富贵不能淫，威武不能屈"的人的尊严。

英雄主义精神，又是一种使命意识。人是真正的类的存在，使命意识则是真正的类的意识。人的性、情、品、格，是在个人与人类的关系中显现出来的。马克思的崇高形象，是由于他"目标始终如一"地"为全人类而工作"塑造起来的。人的使命意识，使他成为民族的象征、时代的象征、人类的象征。我们并不否认，在"平平淡淡，从从容容"的日常生活中，"生活是根据下一步必须要解决的具体问题来考虑的，而不是根据人们会被要求为之献身的终极价值来考虑的"[①]；然而，似乎谁也无法

---

① 宾克莱:《理想的冲突》，商务印书馆 1986 年版，第 19 页。

否认，"一种终极价值是那种最终目标或目的，所有较小的目标都是为达到它而采取的手段——它也是对一切较小目标进行衡量的标准。"① 当代哲学家冯友兰先生说，人的生活应该是"极高明而道中庸"。在平凡的生活中融注和洋溢着英雄主义的使命意识，生活才有亮丽的光彩，而不是平凡得只剩下单一的灰色。

英雄主义精神，是主体自我意识的灵魂。它支撑人的自立和自主，它维护人的自爱和自尊，它激励人的自律和自省。它把主体挺立起来。失去英雄主义精神，而高谈主体自我意识，就只能是任意妄为的意识，哗众取宠的意识，投机钻营的意识。主体的自我意识，是发挥潜能的意识，实现价值的意识，全面发展的意识。它需要英雄主义精神的支撑、维护和激励。

示范"生活"的"学术"方式

哲学是以"学术"的方式来示范"生活"，因而它首先需要恢复自己的"学术"形象，并向人类把握世界的各种方式示范"学术"的方式。

人类把握世界的各种方式，是人类以各种方式去展现

---

① 同上，第37页。

自己的"智慧"，去构建"属人的"神话的、宗教的、经验的、艺术的、伦理的、科学的"世界"。然而，在人类构建"属人世界"的全部"智慧"活动中，却蕴含着一种内在的动力——强烈的、真挚的、忘我的、超功利的对"智慧"的热爱，这就是"爱智"。

"爱智"，是把"智慧"及其结晶——"知识"——作为反思的、批判的对象，揭示人类知识中所蕴含的构成思想的"前提"、评价真善美的"标准"、衡量历史进步的"尺度"，也就是揭示"知识"得以成立的"根据"。这种向"前提挑战"的批判态度，就是一种体现人类的理想性追求的"学术"精神。"爱智"的哲学，是以示范"学术"精神的方式而蕴含于人类把握世界的各种基本方式之中，也就是使人类把握的各种方式总是蕴含着"诗意"的理想性追求。

理想是对现实的超越。体现理想的"学术"，并不是对"现实"的解释和论证，恰恰相反，它是"实践的反义词"，是"对实践的反驳"，也就是引导"实践的自我超越"。"爱智"或"学术"，它是与"现实"不同的另一个"向度"，从而使人们有可能去追求一种超越现实的

"理想"。如果不能提供一种超越现实的理想，哲学还有什么存在的意义呢？如果人们不能永葆一种超越现实的理想，人们的存在还有什么意义呢？

人类需要哲学，当代的人类尤其需要哲学。然而，人类需要的不是作为"知识"的哲学，而是作为"爱智"或"学术"的哲学。作为"知识"，这正如卡西尔对"科学"的评价，"在我们现代世界中，再没有第二种力量可以与科学思想的力量相匹敌。它被看成是我们全部人类活动的顶点和极致，被看成是人类历史的最后篇章和人的哲学的最重要主题。"① 作为"爱智"或"学术"，哲学则是对包括"科学"在内的人类把握世界的各种方式的批判性反思和理想性引导，反思人类已经获得的全部"知识"，引导人类追求新的"理想"。超越意义失落的"生存"状态，塑造和引导"生活"的理想之维，这不是对人类最有"意义"的哲学活动吗？重建人类的精神家园，这不应当是新世纪哲学的选择与追求吗？

哲学，它是对智慧的真挚、强烈、忘我之爱，是人类的"爱智之忱"的集中体现。这种"爱智之忱"，是探

---

① 恩斯特·卡西尔：《人论》，上海译文出版社 1985 年版，第 263 页。

索宇宙的奥秘和洞察人生的意义的渴望，是促进历史的发展和提升人类的境界的渴望，是超越现实和向前提挑战的渴望，是悬设新的理想和创建新的生活世界的渴望，是为人类寻求"安身立命之本"和确认"最高的支撑点"的渴望。正是这种"抑制不住的渴望"，燃烧起古往今来的伟大哲人对"哲学"的永无止境的求索。"爱智之忱"和"抑制不住的渴望"是哲学的修养与创造的原动力。

哲学的修养与创造，最需要的是"不以有知自炫""常以无知自警""常自疑其知""虚怀而不自满"。然而，在学问中的"严以律己"和"宽以待人"又是最为困难的。这是因为，"为人的谦虚宽容"与"学问的博大精深"是融为一体的。"当一个人没有足够的知识又要维护自己的权威地位时，当一个人并没有掌握真理而又以真理的化身自居时，当一个人固守陈腐的教条而拒绝历史的进步时，当一个人目空一切自作井底之蛙时，这个人必然是不宽容的。"①哲学的修养与创造，是在对哲学的永无止境的求索中，是在为人与为学的融为一体的过

---

① 梁小民：《一代学人风范长存》，《读书》1998 年第 2 期。

程中。

哲学作为人类心灵的最深层的伟大创造，其主旨即在于使人的精神境界不断地升华。哲学给予人以理念和理想，从而使人在精神境界的升华中崇高起来。哲学的修养与创造，是人们追求崇高的过程，也是使人们自己崇高起来的过程。在哲学以"学术"的方式所示范的生活态度中，我们能够最强烈地感受到人类意识的超越性。

现代人的生活世界

发达工业文明的内在矛盾正在于此：其不合理成分存在于其合理性中。

马尔库塞

人是历史性的存在，现代化的进程是人的存在方式的变革和人的现代生活世界的生成过程。人的现代生活世界，从其最具基础性和普遍性的内容和方式上看，可以概括为非日常生活的日常化。这主要表现在日常经验科学化、日常消遣文化化、日常交往社交化、日常行为法治化，以及农村生活城市化等方面。非日常生活的日常化过程，也是人的世界图景、思维方式和价值观念的变革与重建的过程，这从深层规范了人的现代生活世界。

一、非日常生活的日常化

人是历史地变革自己和重塑自己的存在。在前现代化的"日常生活"中，人们主要是把以普遍经验为基础的"常识"作为普遍遵循的价值规范。常识在人们的日常生活中，规范着人们的思想与行为，即规范人们想什么和不想什么、怎么想和不怎么想、做什么和不做什么、怎么做和不怎么做。常识既是人们的思想和行为的根据，又是人们的思想和行为的限度，还是判断人们的思想和行为的标准。常识对人们的思想和行为具有"规定"和"否定"的双重规范作用。在前现代化的日常生活中，正是这种以普遍经验为基础的"常识"的价值规范，人们的话语方式才得到最为便利的相互沟通，人们的价值观念才得到最为广泛的相互理解，人们的行为方式才得到最为普遍的相互认同。这意味着，常识的价值规范是前现代化的人的日常生活的最坚实的根基。现代化，从价值规范的角度看，就是要实现"非日常生活"的"日常化"，从而以"非日常生活"的价值观念去规范"日常生活"。

作为价值规范的常识，它是人类世世代代积累起来的适应人类生存环境的产物，是在最实际的水平上维持人类自身存在的思想准则和行为准则。由于常识是普遍经验的产物，它源于经验而又适用于经验，源于日常生活而又适用于日常生活，所以，在经验的日常生活中，人的所思所想和所作所为，都必须符合常识的价值规范；任何超越或背离普遍经验的思想与行为，都是对常识的价值规范的亵渎与挑战，因而都会被常识的价值规范所排斥或扼杀。这就是前现代化的常识的价值规范的狭隘性与保守性。

常识的价值规范，在人类的世世代代的日常生活中，是以"文化传统"的方式而得以世代流传的。在这种"文化传统"中，常识的价值规范构成了人类的、民族的，以及每个个体的最基本的价值观念。就此而言，具有狭隘性和保守性的常识的价值规范是根深蒂固的。变革这种以日常生活为基础的常识的价值规范是一个极其艰难的过程。近代以来的欧洲在其现代化的过程中，就经历了"冒险的时代"（文艺复兴时期）、"理性的时代"（17世纪）、"启蒙的时代"（18世纪）和"思想体系的时代"（19世纪）的数百年的历程。当代中国在自己的现代化过程，既同样需要变革常识的价值规范，以推进非日常生活的日常化，又需要在"历时态问题的同时态解决"的背景下，探索自己的有特色的、以"发展"为基础的价值规范，从而实现整个社会生活的现代化。

二、日常经验科学化

日常生活是个体生命的延续活动。在这种生命延续活动的再生产过程中，个体为自己构成了经验中把握的世界。用阿格妮丝·赫勒的话说，"它是旨在维持个体生存和再生产的各种活动的总和。"① 这种认识活动与实践活动是个体再生产的基础。波普称其为生活的"经验基础"。日常生活中的"经验基础"，构筑了个人再生产的前提条件。

日常生活是给予性的。"日常生活是从属于人——即出生于给定世界的给定环境中的人——的自我再生产的活动的总和；……世界的所有物质财富都产于那些'把事物视作理所当然'的人们的活动。现在完全可以断言，日常生活的'个人'是在自身之中具有尚未自觉和尚未反映的自在类本质的特征。""这是象征着日常生活水平的'迄今为止的历史'的标志。"② "迄今为止的历史的标志"，就是支撑日常生活的常识与经验。

---

① 阿格妮丝·赫勒：《日常生活》，重庆出版社 1993 年版，第 14—15 页。
② 同上，第 29—30 页。

日常经验与科学都是人对客观世界的认识与把握。日常经验具有直觉性、持存性、僵固性。科学是人对认识对象内在规律的认识与把握。在赫勒看来，日常经验在没有上升到对认识对象的规律性认识之前，只能是"意见"。只有将日常经验上升到科学认识，也就是日常经验科学化，才可称之为"认识"。

人们的日常生活，是依据和遵循"共同经验"的生活。在日常生活中，人作为经验的主体，以经验常识去看待事物和处理问题；各种事物作为经验的客体，以既定的存在构成人的经验对象。人们依据和遵循"共同经验"编织日常生活，积累生活经验，构成经验的生活世界。

经验的直觉性是日常经验的突出特征，它排斥反思的、批判的、追本溯源的认识活动。在这种直觉性的经验中，"经验客体"具有"如是性"即"依其所是的样子"。日常生活是以"共同经验"来维系的生活。"共同经验"世代传承、相习成因，规范人们的日常生活。相习成因的"共同经验"显现出经验的持存性。在对中国农业文明和传统社会结构的分析中，得出中国社会本质上是一个巨大的日常生活世界的结论。相习成因就是重复性实践的结果。中国的"巨大的日常生活世界"为日常经验相习成因提供了巨大的空间和渊远的时间流程。几千年的封建社会，尽管朝代更迭，"江山"易主，但是，封建制度没有改变，支撑社会的仍然是以农耕为主的农业文明，如此长久的时间跨度，形成了厚重的日常生活底蕴。同时，在空间范围和人口基础上可以称得上地广人多，更加加大了中国社会本质上日常生活的厚重感，使得世代积累的"共同经验"在普遍性、广泛性、久远性的基础上突出了它的持存性。

日常经验由于代代相承，形成人们的心理积淀，又具有僵固性。这正如阿格妮丝·赫勒所说："它们的实践不再成问题，因为它们已成为我们性格的有机部分。"① 日常经验的僵固性就是日常思维与实践的同一性、二者的不可分性，就是黑格尔所说的"客观存在与主观运动之间缺少一种对峙"。黑格尔在《历史哲学》一书中把中国称为"那个永无变动的单一"，"中国很早就已经进展到了它今日的情状；但是因为它客观的存在和主观运动之间仍然缺少一种对峙，所以无从发生任何变化，一种终古如此的东西代替了一种真正历史的东西"。② 黑格尔把中国的历史说成是"那个永无变动的单一"，的确失之偏

① 阿格妮丝·赫勒：《日常生活》，重庆出版社1993年版，第169页。
② 黑格尔：《历史哲学》，三联书店1956年版，第158页、第161页。

颇；但是，巨大的日常生活，"终古如此的"这种东西"代替了一种真正的历史的东西"，确实道出了日常经验的僵固性。

对于日常经验的僵固性，斯蒂芬·茨威格在《昨日的世界》中描述："我的父亲、我的祖父，他们见到过什么？他们每个人都是以单一的方式度过自己的一生，自始至终过的是一种生活，没有平步青云，没有卑微衰落，没有动荡，没有危险，是一种只有小小的焦虑和令人觉察不到的渐渐转变的生活，一种用同样的节奏度过的生活，安逸而又平静，是时间的波浪把他们从摇篮送到坟墓。"[①] 这里的描述有些凄楚，令人感到生活的呆板与单调，但却是"那个永无变动的单一"的日常生活的写照。

人的存在方式的变革，直接地是在科学技术这一强大动力推动下发生的。我国学者提出，"科学给现代人带来了令人忘乎所以的物质力量和享受"，"假如没有科学和科学思维，政治和经济改革只能改变部分社会关系和习惯，但不太可能改变人类存在的命运，不可能使人换一种活法。……科学技术造成了现代物质生活，而科学化

---

① 斯蒂芬·茨威格：《昨日的世界》，三联书店 1991 年版，第 3 页。

知识观念造成了现代精神生活"。① 科学技术带来的人的存在方式的变革，形成的新的科学精神，以及愈来愈强烈的科学信仰，日益广泛而深入地冲击着人们的日常生活，加速了日常经验科学化。

马克思说："用刀叉吃熟肉来解除的饥饿不同于用手、指甲和牙齿啃生肉来解除的饥饿。"② 在这里，马克思深刻地揭示了一个道理，这就是：虽然实现的目的相同，但是实现目的的手段不同，主体的"人化"程度是有本质区别的。日常经验科学化，就是主体对客观事物认识与把握的深化与提升，是主体"人化"的普遍表现。

"中国在本质上是一个巨大的日常生活世界。"几千年的农业文明向现代工业文明的过渡，就是要变革传统生产方式，用现代化的生产方式进行生产。马克思认为，区分一个历史时代，不在于"生产什么"，而在于"用什么"生产。传统农业的劳动方式，是依靠人的体力，使用古老的简单的生产工具，进行"原始"的体力劳动，维持着日复一日、年复一年的"日常生活"。改革开放以前，我国工业化取得了一些成就，但是，农业生产的现

---

① 赵汀阳：《关于知识的命运》，选自《现代性与中国》，广东教育出版社 2000 年版，第 245—246 页。

② 马克思：《〈政治经济学批判〉序言·导言》，人民出版社 1999 年版，第 15 页。

代化进展缓慢，现代化程度很低，中国仍然为巨大的农业文明所包裹。改革开放以后，加快了农业现代化步伐，逐渐摆脱了传统的农业劳动方式，从"原始"的落后的劳动方式向机械化的、科学化的现代劳动方式转变。

现代化，不仅是生产方式的变革，也是消费方式的变革。消费方式是指人们享用生活资料和劳务的方式。消费活动是人类再生产的基本活动领域。人们消费方式主要受生产力水平的制约。现代科学技术的发展正在深刻影响着人们的消费意识、消费能力、消费结构、消费水平、消费习惯，由传统习惯的经验消费走向现代的科学的消费。改革开放以来，人们的生活水平明显提高，饮食结构发生了较大变化。过去是吃饱肚子，现在是科学饮食，营养搭配。以前人们的衣着色调单一、款式单一，现在的衣着服饰则把人们生活于其中的大千世界装扮得分外妖娆。在居住方面，住房已从结构、建筑材料、内部设施等方面出现了由遮蔽风雨到宽敞方便。在现代化的进程中，人们越来越关注生命质量，越来越重视医疗保健费用支出。

科学技术使经验生活发生了重大变化，引起了人的存在方式的变革，人们按照科学知识去安排自己的日常生活。这是人的内在本质的外在展开即"人化"的过程。

但是，科学技术对人类生活和社会发展的影响，也导致了所谓的"理性的暴政"。人们在自己的生活中，总是提出"是否科学"的问题，以致流传这样的"故事"：由于不知道睡觉时头到底应该朝哪个方向才"科学"，手里拎着枕头，而无所适从。这似乎启示我们，在认同日常经验科学化的同时，不应把"科学化"和"现代化"当作至善至美的"神话"。

三、日常消遣文化化

在前现代化的传统社会中，人们的文化生活主要是表现为日常消遣；或者反过来说，日常消遣是人们的基本的文化生活。这里所说的日常消遣，是指人们以日常生活的方式使用自己的闲暇时间，其主要方式包括闲谈、讲故事、下棋、玩牌、游戏等。在现代化的过程中，由于市场经济推动了生产力的迅速发展和人民生活的普遍提高，使得人们获得了经济条件的改善和闲暇时间的增多，从而构成了人们的日常消遣文化化的基本趋向。

日常消遣的文化化，这首先表现在现代社会的文化主体的变化。在传统社会中，"文化"是在教育不普及、不发达的状态下，将"文化"分为"化"者与"被化"者，因而只能是所谓的"精英文化"。在"精英文化"占统治地位的传统社会中，民众的"文化"生活只能是所谓的"日常消遣"。市场经济的发展，科学技术的进步，教育程度的普及，生活水平的提高，闲暇时间的增多等诸种因素，使"文化"从"精英文化"转变为"大众文化"。大众文化的产生依赖于以市场经济为基础的大众社会的形成，而以市场经济为基础的大众社会的形成则造就了以大众为主体的大众文化。大众文化使大众的日常消遣文化化。

日常消遣的文化化，又是同现代社会的文化生产方式密不可分的。大众文化作为一种面向大众的消费性文化，它在市场经济的条件下是作为商品而被生产的。文化产品的商品化，必然形成文化生产的产业化，而文化生产的产业化，则又必然造成文化产业的商业化，文化生产的产业化和商业化的统一，则必然形成消费性的文化产品的普及化，由此便构成了大众日常消遣的文化化。歌厅、舞厅、酒吧、网吧、陶吧、咖啡厅、音乐茶座、台球房、健身房、网球场，不只是在大中城市如雨后春笋般产生，就连乡村小镇也是随处可见。以"闲谈"和"游戏"为主的"日常消遣"已经让位于"文化消费"。

日常消遣的文化化，特别是与现代传播媒介息息相关。从人类历史上看，文化的发展，基本上是与文化的传播手段大体同步的。在口语文化阶段，文化的传播基本上是停留于地域文化。在书面和印刷文化阶段，由于文字在时间和空间上具有更大的绵延性和拓展性，因而能够形成超地域和超时代的文化。但是，由于书面文化的主体的非大众性，因而无法形成以大众为主体的大众文化。现代的大众传媒造成了超越时空、普及大众的真正的大众文化，使得人们的日常消遣真正实现了文化化。与书面文化阶段相比，电子媒介阶段不仅有报纸、杂志、书籍等传播手段，而且更有广播、电影、电视、录音、录像、光盘、互联网等新型传播手段。随着微电子技术、卫星传送技术、光纤通信技术和光储存技术的迅猛发展，大众文化将获得更为广泛、多样、便捷的传播方式，从而使得人们的日常消遣更加文化化。

大众文化的商品化、商业化和产业化，使文化生产纳入标准化、程序化的生产程序之中，造成文化产品的批量生产和广泛复制，从而形成人们所批评的文化产品的"平面化"。由于市场经济中的文化产品的精神价值的实现以商业价值的实现为前提，从而造成为文化消费而进行文化生产的运行规则。仅就大众文化消费而言，从文化产品消费的数量上看，似乎是形成了从实用文化、宣泄文化、神秘文化、宗教文化、政治文化、陶冶文化、学术文化到科学文化的依次递减的基本趋向。大众文化生产的这种状况，需要合理的价值规范。这个合理的价值规范，就是"以科学的理论武装人，以正确的舆论引导人，以高尚的精神塑造人，以优秀的作品鼓舞人"。在实现经济效益的同时，自觉地积极地实现文化产品的社会效益，这是以实现人的全面发展为根本的价值理想的社会主义中国的文化事业的应有的价值规范。

四、日常交往社交化

交往方式的变化，是现代化进程中的带有根本性的变化。近年来学界凸现对"主体际"或"主体间"的研究，使得"交往理论"成为一种"显学"，正是理论地表现了现代社会的交往关系的重要性。

传统社会的人际交往，属于日常生活中的交往，主要是局限于亲戚、邻里、朋友、同学、同事之间的交往。这种日常交往，具有显著的封闭性、保守性和人情化的特征。首先，日常交往是给定的或自在的，无论是作为血缘关系的亲戚之间的交往，还是作为社交关系的邻里、朋友、同学、同事之间的交往，都不是交往主体自为选择的结果，而主要的是被动接受的结果，在这种交往关系中，即使是带有一定自主选择性的朋友关系，也主要是相对封闭的狭小范围内形成的。其次，日常交往是重复的或循环的，无论是从"历时态"的世世代代的交往关系上看，还是从"同时态"的每个个体的交往关系上看，人们之间的交往关系总是维持在日常生活的范围之中，而没有广泛的或扩展的交往关系，即人们的"社会关系"总是不断重复和循环的。最后，日常交往的人情化特性。所谓"日常生活"，是指以个人的家庭、天然共同体等直接环境为基本寓所，旨在维持个体生存和再生产的日常消费活动、日常交往活动和日常观念活动的总称，它是一个以重复性思维和重复性实践为基本存在方式，凭借传统、习惯、经验及血缘和天然情感等文化因素而加以维系的自在的类本质对象化领域。这表明，日常交往所构成的是一个"人情世界"，人情交往是中国人几千年来的日常交往的主轴或中心。

传统社会的日常交往，是以自然经济为基础的交往方式，而现代社会的交往方式，则是以市场经济为基础的交往方式，马克思指出，只有在市场经济所实现的"以物的依赖性为基础的人的独立性"的存在方式中，"才形成普遍的社会物质交换，全面的关系，多方面的需求以及全面的能力的体系。"① 市场经济"把一切封建的、宗法的和田园诗般的关系都破坏了"，"一切固定的僵化的关系以及与之相适应的素被尊崇的观念和见解都被消除了，一切新形成的关系等不到固定下来就陈旧了"，"一切等级的和固定的东西都烟消云散了，一切神圣的东西都被亵渎了。"② 在以市场经济为基础的现代社会中，人们的社会关系，特别是人们的交往关系，出现了带有根本性的变化：首先，交往的公共化。与传统社会的日常交往不同，人们在现代社会中的交往关系，具有显著的公共化特征。人们的经济行为必须与现代社会的行政管理、工商管理、税务、银行、保险、司法，以及各种各样的中介组织发生广泛的联系，从而使得人们的公共交往大大超过人们的日常交往。其次，交往的普遍化。交往的公共化构成了人与人之间的极其复杂的社会关系，人们的极其复杂的社会关系要求人们必须进行普遍的社会交往，人的本质作为"一切社会关系的总和"在市场

① 《马克思恩格斯全集》第 46 卷（上），人民出版社 1979 年版，第 104 页。
② 《马克思恩格斯选集》第 1 卷，人民出版社 1995 年版，第 274 页、275 页。

经济中获得了复杂而丰富的内含。再次，交往的开放化。以市场经济为基础的现代社会，并不是一种凝固的模式或状态，而是一个以科学技术发展为先导的开放的社会，它每时每刻都在制造新的人际关系和交往关系，人们在这种开放性的社会交往中，不断地推进了交往的公共化和普遍化。最后，交往的非人情化。人们经常把市场经济称之为"契约经济"或"法治经济"，市场经济的这种根本特性必然造成人际交往的非人情化。在揭露资本主义生产关系及其社会关系的时候，马克思就指出，"它无情地斩断了把人们束缚于天然尊长的形形色色的封建羁绊，它使人和人之间除了赤裸裸的利害关系，除了冷酷无情的'现金交易'，就再也没有任何别的联系了。它把宗教虔诚、骑士热忱、小市民的伤感这些情感的神圣发作，淹没在利己主义打算的冰水之中。它把人的尊严变成了交换价值，用一种没有良心的贸易自由代替了无数特许的和自力挣得的自由。"① 有人说，"市场经济不相信眼泪"，正是表达了对市场经济中的交往的非人情化的体验。

现代社会的交往的公共化、普遍化、开放化和非人情

---

① 《马克思恩格斯选集》第 1 卷，人民出版社 1995 年版，第 274—275 页。

化，表明人的交往关系由传统社会的日常交往转化为现代意义的社会交往，即实现了日常交往的社交化。同传统社会的封闭的、保守的、给定的、自在的、重复的、狭隘的日常交往相比，现代社会的交往关系构建了一个丰富多彩的、积极主动的、拓展开放的社会交往世界。由于现代的社会交往把传统的日常交往降低为从属的、私人活动领域，并以理性和法治为基础来构建全面的社会关系，因而实现了社会交往的社交化。社交化，这是现代交往的根本性质和基本方式。它对人们的交往关系和交往实践提出了新的价值规范。

在社交化的社会交往中，它所遵循的首要的价值规范，是法治精神，即把法律作为社会交往的首要准则。在现代社会中，无论是在社会化大生产中的雇主与雇工、上司与下属以及同事之间，还是在商品流通中的商家与顾客、厂家与商家以及生产合伙人或经纪人之间，都必须遵守交往当中的"契约"关系，遵守法律所赋予的利益关系。社交化的社会交往所遵循的另一个重要的价值规范是普遍有效的公民意识。在普遍化的社会交往中，不仅形成了极其复杂的法律关系，而且形成了同样复杂的伦理关系；人们的社会交往不仅需要各式各样的法律的规范，而且需要多种多样的伦理关系的制约。因而需要现代交往中的每个行为主体形成普遍有效的公民意识，以理性自律精神规范和约束自己的行为。

社会的进步，总是以片面性的形式实现的，交往方式的历史性变化也有其不可避免的二重性。传统社会的日常交往作为本质上的人情交往，不仅难以形成社会交往中的理性精神和法治精神，而且会造成人际交往中的"两面化"，即以情感交流的面目行实现利益之实，进而造成普遍性的人性扭曲，这是与人自身的全面发展的价值理念相背离的。然而，作为日常交往的人情交往，在现代社会中仍有它的存在价值。这首先是因为，人们的社会生活除了公共交往之外，还必须保留作为私人领域的日常交往，这种日常交往可以密切人们之间的情谊关系，增添生活的闲适、恬淡与情趣，使人际关系趋向和谐与融洽；这还是因为，即使是在非日常交往的社交活动中，也有助于人们以"平常心"去对待复杂的人际关系，合情合理地调整人们的社会交往。

五、日常行为法治化

人是社会性的存在，这意味着，人与人之间、人与社会之间必须遵循某些共同的规则进行活动，才能实现人的社会性存在。这正如恩格斯所说："在社会发展某个很早的阶段，产生了这样一种需要，把每天重复着的产品生产、分配和交换用一个共同规则约束起来，借以使个人服从生产和交换的共同条件。这个规则首先表现为习惯，不久便成了法律。"① 以法律规范人的行为，这是人作为社会性的存在得以发展的重要前提；然而，人的行为法治化，却只能是在以市场经济为基础的现代社会中得以实现的。

人们经常说，"市场经济是法治经济。"这是因为，市场经济的根本特征，是"以物的依赖性为基础的人的独立性"，它是一种以主体的平等独立和平等自由的交换为基础的经济形态，因而它要求以权威化和普遍化的法律规则来保证以交换平等为基础的平等与自由。前市场经济的自然经济，它的基本特征则是以个体生产为基础的群体性的存在，主要是依靠体现血缘关系、宗法伦理关系的道德规范来维持人的社会性存在，而较少需要法律规则的参与。因此，在传统社会中，人们的日常行为主要是以道德规范的行为，而在现代社会中，人们的日

---

① 《马克思恩格斯选集》第3卷，人民出版社1995年版，第211页。

常行为则主要是以法律规范的行为，这就是人的日常行为的法治化。法律，是现代人的各种行为的基本的价值规范：遵守法律，是现代人的基本的价值取向和价值认同；违犯法律，则是现代人的基本的价值失范。

市场经济中的行为主体，具有明显的功利主义的价值取向，即为各自的利益（首先是经济利益）而从事各种活动（首先是经济活动）。人们正是为了实现和增大各自的利益而参与市场经济中的竞争。法律是以国家认可的价值标准对人们的行为是否合理、利益是否正当作出权威性的认定，并从而以法定权利促进正当合理的利益追求，制止不正当、不合理的利益追求。人的行为的法治化，首先是对法律权威性的认同，即认同法律所认定的利益追求的是否正当合理的价值标准。

在民主法治社会，以经济活动为基础的人们的全部社会活动，都与法律息息相关。现代社会中的经济活动的各个领域、各个方面、各个环节都受到法律的制约与调整，商品交易的过程就是行为主体的法律化交往的过程。"法律是国家政治经济政策最权威最确切的反映，因此，法也是一种经济信息和经济资源（在现代社会甚至是最重要的经济信息与资源），不了解、掌握必要的法律知识，就谈不上对经济信息和经济资源的全面准确了解，经济主体也就很难顺利有效地开展经济活动和交往。而在现代社会，作为一种经济信息和资源的法律已经高度复杂化、专门化、技术化和国际化，非经专门训练和实际操作培训难以熟练掌握。在这种情况下，完善化的法制可以为市场经济的发展提供准确、及时、全面、高效的法律信息服务。"① 经济主体只有实现行为法治化，才能实现自身的经济发展。同样，在现代的民主法治社会中，人们的政治活动、文化活动、科学活动、宗教活动也必须遵守法律认定的价值规范。对此，我国国民经济和社会发展第十个五年计划纲要明确提出："适应经济体制改革和现代化建设的要求，继续推进政治体制改革，加强民主政治建设，发展社会主义民主。……提高立法质量和效率，重点建立和完善适应社会主义市场经济体制的法律体系，规范市场经济条件下的财产关系、信用关系和契约关系。推进规范国家权力运行、社会保障和社会中介组织等方面的法律法规建设。……健全依法行使权力的制约机制，加强对权力运行的民主监督、群众监督和舆论监督。……推进国家各项事业的依法管理，提高社会管理的法制化水平。深入开展法制宣传教育，

① 姚建宗：《法律与发展研究导论》，吉林大学出版社 1998 年版，第 178—179 页。

进一步提高全体公民首先是各级领导干部的法律意识和法律素质。建立法律援助体系。"① 这就从国家的大政方针上确认了法律对全体人民的基本的价值规范。

现代国家的法治建设是一个总体性进程，其中，公民的法治意识则是一个至关重要的结构性因素。这就是说，法律作为现代国家的价值规范，它必须得到公民的价值认同。而公民对法律的价值认同的首要问题，则是法律观念的普遍形成。行为的法治化，首先是法律观念的普及化。

现代法治需要"内生性信仰"，即公民自觉的、积极的守法精神。对于现代社会而言，以市场经济为基础的民主政治是它的制度性前提和基础，以理性自律精神为主的法律意识则是它的观念性前提和基础。这二者是不可或缺的。只有当"法律"不再是异己的、陌生的、望而生怯的存在，而是人们自己的、熟悉的、自愿接受的存在，"法律"才是人们行为的价值规范，这种价值规范才能真正地推进社会的发展。

由于中国长期以来是一个以自然经济为基础的传统社会，"法律"观念的普遍化，行为方式的法治化，不能不

---

① 《中华人民共和国国民经济和社会发展第十个五年计划纲要》，见 2001 年 3 月 18 日《光明日报》。

是一个艰难的过程。在当代中国的"社会转型"的过程中，法律观念的形成，以及行为的法治化，迫切需要解决传统的伦理取向与法律的价值规范的矛盾问题、传统的权力本位意识与现代的法治观念的矛盾问题、传统的群体意识与现代的守法精神的矛盾问题。

法律是国家认定的价值规范。在建设社会主义市场经济的过程中，国家所制定的各种法律，从根本上说，都是以"发展"为基本理念的价值规范。认同法律的价值规范，本质上是认同"发展"的价值理念。理解这个根本问题，才能实现伦理道德规范与法律价值规范的协调，才能以现代的法治观念制约传统的权力本位意识，才能把从众的依附心理转化为现代的守法意识。这些转换所实现的人的行为法治化，把"发展"的价值理念实现为推进"发展"的价值规范。

六、农村生活城市化

现代社会所形成的非日常生活的日常化，包括日常经验科学化、日常消遣文化化、日常交往社交化和日常行为法治化等，是以城市化的方式而普及全社会的。在现代中国，一方面是农村本身的城市化，另一方面则是农村生活的城市化，逐步地实现了全社会的非日常生活的日常化。建设社会主义新农村，为我国农民生活的现代化开辟了现实道路。

城市作为社会的经济、政治、文化、教育、科技中心，城市化的程度与水平，标志着该社会所达到的现代化的程度与水平。"自1949年以来，我国的城市化发展大体可分为五个阶段：第一阶段，健康发展时期（1950年至1957年）。这一时期我国城市经济的发展特征是由消费型城市向生产型城市转化。……这一时期，我国城市人口的比例由1949年的10.6%上升到1957年的15.4%。第二阶段，曲折发展时期（1958年至1965年）。由于'左'的指导思想影响，这一时期城市发展出现了畸形状态，城市人口净增31.4%，新设城市44个。三年困难时期后的1962年，中央作出了《关于调整市镇建制，缩小城市郊区的指示》。1963年又相继颁布了新的市镇设置标准，并规定市总人口中农业人口所占比重一般不应超过20%，否则予以压缩。在此基础上，根据1955年规定的设市条件，有关部门对市逐个检查，不符合条件的予以撤销，致使城市人口占全国总人口的比重逐步下降，城市总数也下降为169个，与1957年相比还少了 7 个。第三阶段，停滞时期（1966 年至 1976 年）。在"文化大革命"，我国的城市发展处于停滞状态，年平均递增率仅为 1.3%，新增城市为 19 个。第四阶段，恢复发展时期（1977 年至 1985 年）。党的十一届三中全会以后，随着工作中心的转移和改革开放的逐步展开，我国的城市建设进入了恢复发展的崭新时期。市领导县的新型城乡管理体制逐步形成。……九年中，我国累计新设城市 139 个，年平均递增 15.1 个城市。第五阶段，迅速发展时期（1986 年至今），这个时期，我国经济持续增长，乡镇企业大发展，……1986 年至 1993 年，全国共新设城市 248 个，平均每年新设城市 31 个。到 1997 年底，我国除港、澳、台地区外，共设市 668 个。其中，直辖市 4 个，地级市 222 个，县级市 442 个。基本形成了以大城市为中心，大中小城市相结合的比较合理的城市结构体系。"① 城市化的进程，体现了中国的现代化进程。特别是改革开放以来的城市化进程，迅速地改变了广大农村人口的生存方式，加速了非日常生活的日常化，使得人们的消遣方式、交往方式、行为方式都获得了现代性的价值规范。

---

① 靳润成主编：《中国城市化道路》，学林出版社 1999 年版，第 5—7 页。

当代中国的城市化，与小城镇的蓬勃兴起是息息相关的。改革开放以来，"乡镇企业的蓬勃发展，促进了小城镇的迅速崛起。农村经济体制改革以后，商品经济日渐活跃繁荣，在全国形成了约 60000 个小城镇。乡镇企业的迅速发展，使农村的劳动人口迅速转移，一些农村集镇的非农业人口不断增长，居民生产生活方式也明显城市化，很多原来的农村小集镇，变成了工、农、商业都很发达的小城镇。"[①] 根据有关专家的预测，"我国城市化进程将呈现出三个特征：一是城市人口数量增长速度将逐年加快，人口质量也将相应提高；二是城市群沿交通线（包括水路）集中化加强；三是由于农村人口向城市迁移，将使城市人口的增长由过去的自然增长为主转向机械增长为主。据权威人士预测，我国 2000 年和 2010 年城市化水平将分别达到 34% 左右和 42%～45%，其中城市人口比重分别达到 24.49% 和 31.5%。[②]

国家的第十个五年计划纲要，把"实施城镇化战略，促进城乡共同进步"放在显著的重要位置。《纲要》提出，"提高城镇化水平，转移农村人口，有利于农民增收致富，可以为经济发展提供广阔的市场和持久的动力，

---

① 靳润成主编：《中国城市化道路》，学林出版社 1999 年版，第 192 页。
② 同上，第 7 页。

是优化城乡经济结构，促进国民经济良性循环和社会协调发展的重大措施。随着农业生产力水平的提高和工业化进程的加快，我国推进城镇化的条件已渐成熟，要不失时机地实施城镇化战略"。在这个城镇化战略中，还特别强调要"加强城镇基础设施建设，健全城镇居住、公共服务和社区服务等功能。以创造良好的人居环境为中心，加强城镇生态建设和污染综合治理，改善城镇环境。加强城镇规划、设计、建设及综合管理，形成各具特色的城市风格，全面提高城镇管理水平"。这就不仅为农村生活城市化提供了宏观的战略思想，而且为农村生活城市化提供了现实的发展道路。非日常生活的日常化，已经成为城乡居民的普遍的生活方式；由此而构成的新的价值规范，也已经成为城乡居民共同的价值规范。

七、"网络时代"的存在方式

20世纪80年代以来，人们经常用"网络时代"来概括我们这个时代的重要特征。这种概括是有道理的。马克思说："各种经济时代的区别，不在于生产什么，而在于怎样生产，用什么劳动资料生产。劳动资料不仅是人类劳动力发展的测量器，而且是劳动借以进行的社会关系的指示器。"① 立足于科学技术的迅猛发展而引导的整个社会的发展，我们就会发现，所谓"网络时代"，并不仅是一场技术革命，而且是深刻地变革了人自身的存在方式，对人的认知活动和实践活动提出了新的价值规范。

首先，"网络"变革了人的"世界图景"。"网络"为人们提供了一个"虚拟世界"，这是人们正在取得共识的一个提法。那么，这个由网络提供给人们的"虚拟世界"，对于人的存在来说，究竟具有什么重大意义？"虚拟世界"首先是变革了人的"世界图景"。

所谓"世界图景"，是人以自己把握世界的各种方式，把"自在的世界"变成自己的观念中的客体。例如，我们以"常识"的方式把"自在的世界"变成我们的"经验世界图景"，以"科学"的方式把"自在的世界"变成我们的"科学世界图景"。在人类发展史上，"科学"在人们构成自己的"世界图景"的过程中，起到了特别重大的作用。随着科学的发展，人们不断地变革了自己的"世界图景"，从而也不断地变革了自己的存在方式，以"科学"来规范自己的生活。值得深思的是，自

① 《马克思恩格斯全集》第23卷，人民出版社1972年版，第204页。

1995 年互联网开始普及所引起的"互联网革命",不仅是在传统意义上变革了我们的"世界图景",即以新的科学理论改变了我们的"世界图景",而且是在为我们创造了一个"虚拟世界"的意义上变革了我们的"世界图景"。

"互联网革命",本质上是一场"信息革命"。通过互联网,我们可以共享巨大的全球知识库,可以分享千千万万智慧的大脑所提供的各种知识,可以同时享用人们以其把握世界的各种方式所构成的丰富多彩的世界图景。这个世界图景,在与以往的世界图景相对比的意义上,是一个以"信息爆炸"为基础的"世界图景"。就此而言,我们可以说以往的世界图景是一个"信息有限"的图景,而网络所提供的世界图景则是一个"信息无限"的图景。在谈论人的"意识"时,马克思曾经说过,"它不用想象某种现实的东西就能现实地想象某种东西。"①那么,在谈论"网络"时,我们也可以作出这样的评论,"它不用创造某种真实的东西而能够真实地创造某种东西",即它能够为我们真实地提供关于"世界"的各种信息,为我们构成一个"全息化"的"世界图景"。

---

① 参见《马克思恩格斯选集》第 1 卷,人民出版社 1995 年版,第 82 页。

　　"互联网"和"多媒体"为我们提供的"世界图景",不仅是"全息化"的,而且是"自主化"的,即主体对于"互联网"和"多媒体"所提供的"世界图景"具有充分的选择性。"互联网"和"多媒体"的突出特点,是它的非线性和多维互补性。网络上的"世界图景"是多元性的、动态性的、过程性的。它把人类"历时态"的认识成果"同时态"地展现给人们,它又把人类以"多种方式"(如常识、宗教、艺术、科学、哲学等)把握世界的认识成果以"一种方式"(网上世界)展现给人们,它还把人们对世界的"多个层次"的认识以"一个平台"的方式展现给人们。它打破了"时空""层次"和"方式"的传统界限,在网上实现了"时空""层次"和"方式"的非线性联系。对于这个非线性的、多元互补的"世界图景",每个电脑终端的操作主体,都具有充分的选择性。人们在自己所选择的"世界图景"中从事某种特定的工作、应对某种特定的事物、享受某种特定的生活,同时,又在这个多元互补的"世界图景"中不断校正、充实、更新自己对"世界"的理解。

　　"互联网"和"多媒体"所提供的"全息化"的、"非线性"的"世界图景",不仅仅是使人们占有了空前巨大的信息,并对信息具有充分的选择性,最重要的是在于，人们在"互联网"和"多媒体"的"世界图景"中，获得的是一个"创意"性的世界图景，即是主客互动的"世界图景"。在谈到人的"认识"时，列宁曾经指出，"人给自己构成世界的客观图画。"① 这就是说，人的"认识"并不仅仅是"反映"世界，而是依据人对世界的要求而"创造"人的"世界图景"。但是，这种"观念"中所形成的"人给自己构成"的"世界的客观图画"，或者是以"观念"的形式构成的，或者是以某种特定的"文化"形式（如科学意义上的"蓝图"、文学意义上的"形象"等）构成的，总是表现为主客二元对立的形式，即一方面是"反映"的"客观图画"，另一方面是"创造"的"客观图画"，这两个"客观图画"是对立的。然而，人们在"互联网"和"多媒体"上所获得的"世界图景"，则是主客互动的产物，即一方面是"网络"所提供的巨大的全球知识库，另一方面则是搜索、选择、处理信息的电脑终端的操作主体。主体依据自己的特定的需要（认知的、价值的或审美的需要）和特定的"逻辑"（理性的或直觉的逻辑）而创造性地重组各种信息，从而以创造性的方式"给自己构成世界的

---

① 参见《列宁选集》第55卷，人民出版社1990年版，第187页。

客观图画"。以"互联网"为中介而构成的人与世界的关系，要求人们以不断发展的"世界图景"去理解人的世界，并以"发展"的价值观念去规范自己的思想与行为。

其次，"网络"变革人的"认识方式"。"网络"不仅以"信息爆炸"的方式把"全世界的知识都可以声色俱全地通过电话线或者电缆，像自来水一样廉价和方便地流进你家"，从而为我们提供"瞬息万变"的"世界图景"。而且从认识对象、认识手段、认识主体的思维方式以及认识活动中的主体间关系等方面，深刻地变革了人的"认识方式"，并要求人们对自己作出新的价值评价。

著名的英国科学哲学家卡尔·波普曾经引人注目地提出"世界Ⅲ"理论，即把由人的语言文化构成的"客观知识"世界与"物理自然"世界和"人的精神"世界相并列，突出"客观知识"在人的世界中的地位和作用。当波普的这个理论在 20 世纪 80 年代初进入中国的时候，既引起了理论界的关注，也曾受到许多责难，批评波普"抬高"了"客观知识"在人类的认识的作用。然而，连波普本人也未必料到的是，自 1995 年互联网开始普及以来，作为"客观知识"的网上的"虚拟世界"成为当代人的最为重要的认识对象：过去讲"书海漫游"，现在则讲"网上冲浪"。网上的自由浏览是具有革命性的。"互联网"和"多媒体"轻而易举地实现了文字、音响和图像的立体化的统一，穿越时空的沟通了古人与今人、国人与洋人、现在与未来，"一触即通"地展现出各门学科的相关知识，的确是实现了人类长期以来的"大千世界，尽收眼底"的夙愿。

关于现代科学的特点，人们曾把它概括为"科学的整体化"与"科学的分支化"的两种趋向的统一。而关于现代科学的"热点"学科，人们则把它概括为"边缘学科""交叉学科""横向学科"和"综合学科"。在这种关于现代科学的"特点"与"热点"的概括中，明显地凸现了现代科学的"跨学科"的特征，即以"问题"为核心的多种学科交叉、互补、融合的特征。例如，对当代人类的生存和发展至关重要的"空间科学""海洋科学""能源科学""材料科学""环境科学""信息科学""综合科学"等，都是以"跨学科"的、关乎人类生存发展的重大"问题"为对象，而不是以传统的某个学科的对象为认识的对象。互联网在认识论意义上的革命性，就在于它为这种科学研究对象的革命性变革提供了现实性。它在一个"平台"同时态地展现关于某个问题的多学科研究成果，促成人们在对这些成果的创造性重组中拓宽和深化对该问题的认识。在当代，人们对科学的学习，对科学的研究，越来越依赖于互联网和多媒体所提供给我们的认识对象。

互联网和多媒体所实现的认识对象和认识方式的变革，也现实地变革了人的思维方式。长期以来，我们一直倡言以辩证法的思维方式批判形而上学的思维方式，然而，在以经验的世界图景为认识对象的传统认识活动中，却是不现实的。在人的日常经验中，认识的对象是给定的、既定的、确定的，人的"观念""概念""思想"是与这种给定的对象一一对应的，因而人的经验常识的思维方式是"是就是，不是就不是，除此之外，都是鬼话"。对于这种被称之为"形而上学"的思维方式，恩格斯曾做过这样的评论："初看起来，这种思维方式对我们来说似乎是极为可信的，因为它是合乎所谓常识的。然而，常识在它自己的日常应用的范围内虽然是极可尊敬的东西，但它一跨入广阔的研究领域，就会碰到极为惊人的变故。"[1] 在这里，恩格斯明确地告诉我们，人们的"思维方式"是同人们的现实生活密不可分的。在日常的经验生活中，人们所形成的是"是就是，不是就不

---

① 《马克思恩格斯选集》第 3 卷，人民出版社 1995 年版，第 360 页。

是"的思维方式，而在"广阔的研究领域"，则会使这种思维方式"遇到最惊人的变故"。互联网和多媒体的普及应用，正是使越来越多的人超越日常的经验生活，进入"广阔的研究领域"，从而变革了自己的思维方式。

"网上世界"是一个非线性的、动态性的、过程性的、互补性的世界，它改变了静止僵化不变的世界图景，突破了线性因果联系的思维方式，变革了非此即彼的两极对立的思维方式。在"网络"所提供的多学科、多领域、多层次的"参照系"中，人们无法固守自己的某种凝固的见解，而只能是在"激活"这些"背景知识"的过程中，形成关于某个问题的新的理解。"网络"改变了人的思维方式，也"激活"了人的创造性思维。辩证思维和创造性思维，对现代人来说，已不仅仅是"思维方式"问题，而且构成了现代人的价值规范，即认同辩证思维和创造性思维对现代人的首要的价值意义。

在传统的认识论中，人们总是把人的认识活动理解并描述为一个主客二元模式，即一方面是"认识主体"，而另一方面则是"认识客体"，并以 S→R（刺激→反应）模式来解释认识的本质。近年来，哲学界开始注重把"主体间"关系引进认识论模式，力图以"主—主"模式"冲淡"传统的"主—客"模式。但是，这种"主—主"模式是外在于"主

—客"模式的,即只不过是"强调"在主体认识客体的认识活动中,主体之间的关系占有重要地位和发挥重要作用,而不是(也不可能)把"客体"本身"主体化"。互联网在认识论意义上的革命性,则在于它实现了"客体"本身的"主体化",即认识活动的双方都具有主体性。

从现象上看,互联网是把电脑终端的"主体"与作为"客体"的"网上世界"联系在一起,然而,"网上世界"的任何信息,却都是来自另外的电脑终端的"主体"。在这个意义上,互联网所实现的就不是"人"(主体)与"网"(客体)的认识关系,而是"人"(主体)与"人"(主体)的关系。这种主体之间的关系所构成的主客关系,就不再是传统意义上 S→R 关系,而是一种新型的双向的互动、互补关系,即一种以互联网为中介的新型的认识关系。尤为重要的是,"互联网"是由数以万计、百万计、千万计的电脑终端的"主体"之间的互动、互补而构成的认识活动,它以前所未有的规模和速度传递、创造各种信息,变革着人们的"世界图景"。2000 年 5 月 12 日《人民日报》(海外版)曾以头条消息宣称,"目前,中国的上网人数已超过 1000 万,而且还以更快的速度发展"。队伍日益庞大的上网人群,通过互联网而形成的新的"主体际"关系,为主体之间的关系提出了新的价值规范。

最后，也是最重要的，是"网络"变革了人的"实践方式"。列宁曾经简洁地提出一个公式："人的实践 = 要求（1）和外部现实性（2）。"① 对于这里所说的"要求"，列宁解释说，"世界不会满足人，人决心以自己的行动来改变世界"②；而对于这里所说的"改变"，列宁则极富启发性地提出，"为自己绘制客观世界图景的人的活动改变外部现实，消灭它的规定性（=变更它的这些或那些方面、质），这样，也就去掉了它的外观、外在性和虚无性的特点，使它成为自在自为地存在着的（=客观真实的）。"③

人类的实践活动是一种"目的性"活动，即"决心以自己的行动来改变世界"的活动，因此，人必须首先"给自己构成世界的客观图画"，才能够进行"改变世界"的活动。然而，在传统的认识方式中，人给自己构成的客观图画，总是受到认识条件的严重制约：一是"信息不足"，难以获得较为全面的信息；二是"信息不快"，难以在较短的时间内获得较为全面的信息；三是

① 《列宁全集》第55卷，人民出版社1990年版，第183页。
② 同上，第183页。
③ 同上，第187页。

"信息不活"，难以在给定的较少的信息中进行较为灵活的选择；四是"信息不广"，难以实现信息主体之间的及时的广泛的沟通与交流。"互联网"对人的实践活动的革命性意义，首先就在于它以"网上世界"为人们提供这种"人给自己构成世界的客观图画"，从而使得这个作为目的性要求的"客观图画"获得充足、快捷、灵活和广泛的信息。这在实践活动的"要求""目的性""人给自己构成世界的客观图画"的环节上，已经在"信息源"的意义上，变革了人的实践方式。

实践活动是一个"认识"与"实践"不断往复的过程，但是，在传统意义的实践活动中，"认识"与"实践"是作为两种不同的活动、两个不同的过程而交替进行的，即"实践—认识—再实践—再认识"的交替过程。"互联网"的革命性，在于它实现了"认识"与"实践"的内在统一，即真正地实现了"认识"作为"实践"的内在环节而存在。在"网上世界"，人们不仅以获取、加工和创造性重组各种信息的方式而形成实践的"目的"和"要求"，从而把自己的理想直接地对象化为网上的"人给自己构成的客观图画"。而且人们可以在网上及时地、不断地修正、调整、重组这个"客观图画"，从而达到及时地、不断地校正实践活动的目的。

　　"互联网"既是人的"目的"取得"外部现实性"的中介（对此人们没有疑义），又是人的"目的"直接取得"外部现实性"的方式（对此是需要探讨的）。后者对人的实践活动具有直接的革命意义。毫无疑问，无论是在工业社会还是在信息社会，无论是传统产业还是高技术产业，都不可能离开以人的肉体器官及其延长（物质工具）为中介而实现的对某种现实存在物的改造。但是，在以计算机、互联网为代表的信息革命所标志的"第三次产业革命"中，互联网本身已经成为信息社会的实践方式。近些年来，互联网的普及正在使经济活动中的生产、流通、消费诸环节的运行模式发生深刻变革，出现了汹涌到来的生产革命、流通革命和经营革命。"网上世界"既让人们进入了"虚拟商店"，足不出户就可以从世界各地选购自己需要的商品，又把生产与消费直接地联系在一起，使生产与消费更加"匹配"。网络时代的教育、医疗、娱乐等方式的变革，更使每个人都会真切地体验到人的存在方式的变革。互联网与多媒体技术的结合，既实现了信息共享的"远程教育"，又实现了文字、声音、图像结合的"立体化教育"。通过"网上会诊"，更是实现了人们渴望的医疗实践的变革——人类所获得的全部医疗实践成果都可以通过"信息高速公路"

为每个患者服务。

  人的"世界图景""认识方式"和"实践方式",已经和正在"网络时代"发生重大变革。"网络时代"不仅对主客关系提出了新的价值规范,而且对主体之间的关系提出了新的价值规范。它要求人们真正地以"发展"的价值取向去对待人与自然、人与社会、人与他人及人与自我之间的关系。

从选择到行动

——编后语

　　一些长辈们说：当代青少年普遍缺少社会责任感，缺少爱心，缺少奉献精神。个别青少年具有很强的叛逆心理，以自我为中心，全然不顾及他人的感受。攀比心理比较严重，讲名牌、讲派头，不讲学习；谈女友、谈比萨、谈网络，不谈家人……

　　真的是这样吗？

　　了解孩子们的人却说：当代青少年关心大事，关心祖国的命运和前途；立志为社会、为中华民族贡献力量。他们在学习和生活上，追求更多的独立和自主。他们希望得到长辈的尊重、信任和理解。他们接收信息多，思想容量大，勤于思考不盲从。他们重视知识，正在完成学业和实现人生价值当中……

　　哪一方说的对呢？

　　随着当代中国社会的进步，我们不仅物质生活丰富了，精神空间也随之扩大了。长辈们曾经奉若神明的某些金科玉律，在下一代人身上已经很少见到了。不同的时代，自然会产生不同的行为习惯和不同的价值观。人类的生活形态总是由现在向未来不断变化和发展着的，而青少年的价值观念，天生便具有求新求异、面向未来的鲜明特点，充满了青春的活力和美好的想象。事实上，青少年价值观也直接关系到国家未来的前途和命运、关系到社会主义事业是否后继有人、关系到整个社会的明天。在网络上能看到这样意味深长的"笑话"："世界是老子们的，也是儿子们的，但是总归是孙子们的。"不论人们如何评价当代青少年，他们终究是要担负起民族和国家的重任的，也终究是会站在长辈们的肩膀上，把我们的民族和国家大业发扬光大的。

对于这一点，没有什么人有资格去怀疑，也不应该有所怀疑。

青少年时代，是每一个人人生的春天。青少年时期的健康成长，将极大地影响其以后的人生。因此在这一时期确立正确的价值观，至关重要。那么，价值观是如何形成的呢？

首先是选择。价值观不可能经由强制或压迫而获得，它是一种心甘情愿作出的选择，自由选择使我们成为生活的积极参与者，而不是旁观者。

其次是珍视。在价值观的形成过程中蕴涵着情感，"选择"是自己所非常重视的。为了实现自己的选择，人们乐于付出很大的代价。所谓"砍头不要紧，只要主义真"就是如此，因为这种主义是先烈所珍视的。

最后是行动。只有在行动中才能实现或体验到我们的选择和所珍爱的事物，体会其价值。

价值观的形成过程，是青少年与人、与社会、与现有观念及各种事件交互作用的结果。价值观的形成，主要是靠青少年自己的学习，而不是靠长辈们包办。长辈们应该做一个价值观的倡导者、促进者和催化者，而不应该做"揠苗助长"者。长辈们要鼓励青少年按照自己的兴趣去无拘无束地探索世界，鼓励他们去发现并欣赏自己的独特性；鼓励青少年了解外部世界的同时，也要鼓励他们了解自己；给予青少年公开表达和讨论自己的价值观的机会；鼓励青少年依据自己的选择行动，并协助青少年在生活中一再地重复自己的正确行动。

当然大家也不应忽视，由于各种主客观原因导致了个别青少年身上出现了这样或那样的问题和不尽如人意的现象。但回想长辈们的经历，不也是在同样情况下走过来的吗？只是，长辈们急切地盼望着当代青少年尽快树立起正确的价值观，少一点儿曲折和弯路，多一点儿顺利和健康成长……

如此而已。